WERKSTATTBÜCHER
FÜR BETRIEBSANGESTELLTE, KONSTRUKTEURE UND FACHARBEITER. HERAUSGEBER DR.-ING. H. HAAKE, HAMBURG
HEFT 24

Stahl- und Temperguß

Ihre Herstellung, Zusammenstellung, Eigenschaften und Verwendung

Von

Prof. Dr.-Ing. Erdmann Kothny
Wien

Dritte neu bearbeitete Auflage
(14. bis 19. Tausend)

Mit 37 Abbildungen

Springer-Verlag
Berlin Heidelberg GmbH
1953

Inhaltsverzeichnis.

ISBN 978-3-540-01755-4 978-3-642-94618-9 (eBook)
DOI 10.1007/978-3-642-94618-9

Einleitung.

Das vorliegende Heft[1] beschäftigt sich mit der Einteilung, den Eigenschaften, der Verwendung, Herstellung und Prüfung des Stahl- oder Stahlform- und des Tempergusses. Es soll dem in der Gießerei tätigen Techniker, Meister und Vorarbeiter sowie dem werdenden Ingenieur ein Leitfaden sein, der ihnen alles Wesentliche über den Stahl- und Temperguß vermittelt. Es schließt sich an das Heft 19, Gußeisen, an. Einzelne Abschnitte dieses Heftes sind in den Werkstattbüchern Heft 10, Der Gießerei-Schachtofen im Aufbau und Betrieb, Heft 14 und 17, Modelltischlerei, Heft 30, Einwandfreier Formguß, Heft 37, Modell- und Modellplattenherstellung für die Maschinenformerei, Heft 66, Maschinenformerei, Heft 68, Formsandbereitung und Gußputzerei, Heft 70, Handformerei, ausführlich behandelt.

Erster Teil.

Stahlguß.

I. Was ist Stahlguß?

Stahlguß (Gußzeichen GS[2], an Stelle der bisherigen Abkürzung Stg) ist in Formen vergossener Stahl, der aus weißem oder grauem Roheisen, Gußeisen-, Stahlguß- und Stahlabfällen im Siemens-Martin- oder Elektroofen, oder aus grauem Roheisen im Kleinkonverter, oder aus Puddel- oder Siemens-Martinstahl und deren Abfällen und aus Roheisen im Tiegelofen erschmolzen wurde. Sein wesentliches Kennzeichen ist, daß er ohne jede weitere Wärmebehandlung schmiedbar ist. Gußstücke aus Gußeisen, das unter Zusatz von Stahlabfällen erschmolzen wurde, oder Gußstücke aus Gußeisen, die durch eine besondere Wärmebehandlung stahlähnliche Eigenschaften erhielten, sind kein Stahlguß.

II. Geschichte und Statistik.

Der Stahlguß ist eine deutsche Erfindung. JAKOB MEYER hat 1851 in der Gußstahlhütte Meyer und Kühne in Bochum zum ersten Male Tiegelstahl in beliebige Formen vergossen. Nach Einführung der anderen Flußstahlverfahren wurden auch diese bis auf das Thomasverfahren zur Erzeugung von Stahlguß herangezogen — Sauerer SM-Ofen 1867 (Krupp, Essen), basischer SM-Ofen etwas später dortselbst, Kleinkonverter 1886, Elektroofen 1905 —. Bis 1887 wurde nur harter Stahlguß hergestellt. In diesem Jahre gelang es ASTHÖWER, Gußstahlhütte Annen, einen weichen für Stahlguß geeigneten Stahl zu erschmelzen.

Von der Weltflußstahlerzeugung wurden 1913 2,48%, 1929 2,38%, 1938 1,98% auf Stahlguß verarbeitet. Der Rückgang ist auf den großen Abfall der Stahlgußerzeugung der Vereinigten Staaten zurückzuführen, 1913 1,04, 1929 1,61, 1938 nur 0,49 Mill. t. In Deutschland hat sich der Anteil des Stahlgusses an der Flußstahlerzeugung in dem gleichen Zeitraum von 1,85% auf 3,5% erhöht. Es war 1938 der größte Stahlgußerzeuger der Welt, es hat in diesem Jahre 0,815 Mill. t und damit 40% der Weltstahlgußerzeugung hergestellt.

[1] Die erste Auflage dieses Werkstattbuches ist 1926, die zweite 1940 erschienen.
[2] Nach DIN 17006 Blatt 4.

Der Stahlguß ist an dem Welteisenverbrauch mit etwa 2% beteiligt. Das Verhältnis der Stahlguß- zur Gußeisenerzeugung ist ungefähr 1:12. Der überwiegende Teil des Stahlgusses wird für Bauzwecke verwendet. Werkzeuge werden nur vereinzelt aus Stahlguß hergestellt.

III. Einteilung und Zusammensetzung.

Der Stahlguß wird in unlegierten und legierten Stahlguß eingeteilt. Beide Arten enthalten zur Erzielung ihrer Vergießbarkeit Mn und Si als gewollte Begleiter. Sie desoxydieren den Stahl, Si bewirkt außerdem, daß er dicht erstarrt. Ihr Gehalt hängt von dem Schmelzverfahren ab. Er schwankt bei Mn von 0,3 bis 0,8, bei Si von 0,2 bis 0,5%. In jedem Stahlguß sind weiter bis zu 0,1 Al und Ti und bis zu 0,25 Cu vorhanden, außerdem enthält er als ungewollte, weil schädliche Begleiter P, S, O, N, H, nichtmetallische Einschlüsse und andere Elemente. P gibt zu Kristall- und S zu Blockseigerungen Veranlassung, O und N machen den Stahl alterungsfähig und durch das Altern spröde. H setzt ebenfalls die Zähigkeit herab. Die nichtmetallischen Einschlüsse schwächen den Stahlguß durch die Unterbrechung der metallischen Grundmasse. Die Gehalte der schädlichen Begleiter dürfen daher bestimmte Grenzen nicht überschreiten. Als Höchstgehalt für P und S ist bei hochwertigem unlegiertem Stahlguß 0,04, bei legiertem 0,03% vorgeschrieben. Bei Kleinkonverter- und saurem Siemens-Martin-Stahlguß sind nach Vereinbarung auch höhere Gehalte zulässig.

1. Unlegierter Stahlguß liegt vor, wenn seine Verwendungseigenschaften — mechanische, physikalische und chemische — nur mit Hilfe des C geregelt werden. Sein Einfluß auf die Streck-, Bruchgrenze, Dehnung, Einschnürung, Schwingungsfestigkeit und Kerbzähigkeit ist der Abb. 1 zu entnehmen. Sie zeigt, daß geringe Änderungen des C-Gehaltes schon bedeutende Veränderungen der Festigkeitseigenschaften zur Folge haben. Der billige C genügt in den weitaus meisten Fällen zur Regelung der Verwendungseigenschaften, so daß der überwiegende Teil der Gesamterzeugung unlegierter Stahlguß ist.

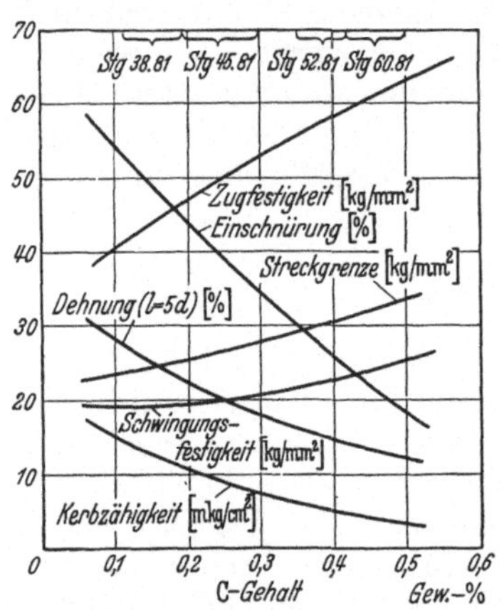

Abb. 1. Festigkeitseigenschaften von Stahlguß (Roesch).

Tab. 3 gibt seine Einteilung, mechanischen Eigenschaften, Durchschnitts-C-Gehalte und Verwendung wieder. Der überwiegende Teil des Verbrauches an unlegiertem Stahlguß entfällt auf die genormten Stahlgußmarken. Harter Stahlguß wird nur wenig verwendet.

2. Legiert ist der Stahlguß dann, wenn seine Verwendungseigenschaften außer durch C noch durch eines oder mehrere der folgenden Elemente geregelt werden: Mn $>$ 0,8%, Si $>$ 0,5%, Al $>$ 0,1%, Ti $>$ 0,1%, Cu $>$ 0,25%, Cr, Ni, Mo, W, V und andere. Ihr günstiger Einfluß kommt nahezu ausschließlich erst nach einer bestimmten Wärmebehandlung zum Ausdruck. Tab. 1 gibt den Einfluß des C und dieser Elemente auf die Eigenschaften des Stahles allgemein wieder. Sie ermöglichen es, daß der Stahlguß den verschiedensten Beanspruchungen gerecht werden kann. Billige Legierungselemente sind: Mn und Si. Die übrigen sind kostspielig und mit Ausnahme des V devisenpflichtig, sie sind daher Sparstoffe. Enthält der Stahlguß nicht mehr als 5% an besonderen Legierungselementen, so gilt er als niedrig legiert, enthält er mehr, so ist er hoch legiert.

Der legierte Stahlguß ist nur zum Teil durch DIN 17245 „Warmfester Stahlguß“ und die Kriegsmarinenorm KM 9106 genormt. Tab. 4 enthält einen Vorschlag für seine Einteilung in Gruppen und Klassen. Sie bringt weiter die Eigenschaften, Zusammensetzung und Verwendung der wichtigsten Marken der einzelnen Klassen. Infolge der ständig steigenden Ansprüche des Maschinen-, Flugzeug-, Fahrzeug- und Apparatebaues an die Güte des Stahlgusses nimmt der Verbrauch an legiertem Stahlguß von Jahr zu Jahr zu. 1938 entfielen ungefähr 10% der Gesamterzeugung auf den legierten Stahlguß.

Tabelle 1. *Einfluß der Legierungselemente auf die Eigenschaften des Stahles.*

le- ent RM)	Einfluß auf (+ = Zunahme, — = Abnahme)												
	je 0,1% σ_{zB} +kg/mm²	je 0,1% δ_F — %	$\frac{\sigma_{zF}}{\sigma_{zB}}$	Kerb-zähig-keit	Warm-Festigkeit	Verschleiß-Festigkeit	magnet. Induktion	Rost-beständig-keit	Feuer-beständig-keit	Überhitz-empfind-lich	Durch-härtung	Lage des Perlitpunktes S Höhe je %	Lage des Perlitpunktes S seitlich
C —)	6	3,7	—	—	+ bis 400°	+	—	0	0	+	+	0	
In ,4)	0,9	0,3	perl. + aust. —	+	+	+ aust. bes.	—	0	—	+	+ stark	—10°	
i ,5)	2	0,3	+	+	0	+	0	0	+	+	+	bis 3%	
r[1] 7-4)	0,6	0,25	+	+ stark	+	+	—	+	+ stark	— >15%+	+ stark	+ 25°	links
Ni ,7)	0,5	0,2	perl. + aust. —	+ stark	+	+ aust. bes.	+	+	+ stark	—	+ s. stark	— 10°	
Io ,5)	2,5	0,2	+	+ stark	+ stark	+	—	+	—	—	+ stark	einige	
V ,2)	0,4	—	+	+	+ stark	+	—	—	+	—	0 WCr+	Grade +	
27)	2,5	0,6	+	+	+	+	—	—	—	—	0		rechts
l ,3)	0,3	0,1	+	+	0	0	—	—	+	+	0	+	links
u ,6)	2,0	0,2	+	+	0	0	—	+	—	—	0	—	—

(RM) je 0,1% je t Stahl (Preislage 1938).
[1] hochgekohltes FeCr- bis Cr-Metall.

IV. Eigenschaften.

3. Gefüge. Tabelle 2 gibt einen Überblick über das Gefüge der un- und der legierten Stahlgußmarken im Guß- oder Natur- und im wärmebehandelten Zwischen-, End- oder Verwendungszustand. Tab. 4 enthält Angaben über das Gefüge der einzelnen Marken im Gußzustand. Im Gußzustand hängt die Art des Gefüges von der Zusammensetzung ab, im Endzustand wird sie von der Wärmebehandlung bestimmt, die selbst wieder von der Zusammensetzung, der Gestalt, Wandstärke und Verwendung des Gußstückes beeinflußt wird.

4. Technologische Eigenschaften. Stahl ist schwer schmelzbar. Die flüssige und die Erstarrungsschwindung oder Schrumpfung, die bei dem reinen Fe bei 100° Schmelzüberhitzung, bezogen auf das Volumen bei Raumtemperatur, 3,8% beträgt, hat zur Folge, daß der Stahlguß lunkert, falls sein Vergießen und Erstarren nicht gleichzeitig beendet ist. Seine verhältnismäßig große feste Schwindung von 7,35 Vol.% hat bei ihrer Störung durch ungleichmäßige Abkühlung oder durch den Widerstand der Form Warm- oder Kaltrisse, oder Verwerfungen und Spannungen sowie Maßabweichungen zur Folge. Der P- und ein höherer C-Gehalt geben zu Kristallseigerungen Veranlassung. Bei ungleichmäßiger Erstarrung des Gußstückes werden durch diese Seigerung auch noch Blockseigerungen in bezug auf beide Elemente hervorgerufen. Der S-Gehalt bewirkt bei ungleichmäßiger Erstarrung des Gußstückes ebenfalls Blockseigerungen. Der Stahl füllt im Vergleich zu den anderen Werkstoffen die Form schlecht aus, er ist nach seinem Verhalten beim Gießen als schwer vergießbar zu bezeichnen. Die Mindestwandstärke des Stahlgusses ist bei einfachen Gußstücken je nach ihrer Größe 3 bis 4 mm, bei verwickelten 5 mm. Die Bearbeitungszugaben für Flächen, die gedreht, gehobelt oder gefräst werden, müssen bei Gußstücken bis etwa 800 mm größter Abmessung 2 bis 5 mm, bei über 800 mm größte Abmessung 6 bis 20 mm betragen.

Stahlguß kann warm und kalt verformt werden. Weicher unlegierter Stahlguß ist preß-, alle anderen Stahlgußmarken sind schmelzschweißbar. Die härteren unlegierten und legierten, die zu Schweißrissigkeit neigen, sowie die rostfreien und zunderfesten Stahlgußmarken, die beim Schweißen Karbidausscheidungen ergeben, sind nur unter Einhaltung bestimmter Arbeitsbedingungen schmelzschweißbar. Mit Ausnahme der ferritisch-karbidischen und der rein austenitischen Stahlgußmarken sind alle wärmebehandlungsfähig. Die Zerspanbarkeit des Stahlgusses ist von seiner Härte und Zähigkeit abhängig. Der zähe austenitische Stahlguß ist besonders schwer bearbeitbar. Unlegierter Stahlguß ist bei gleicher Härte um so leichter dreh- und bohrbar, je weniger C er enthält. Si verschlechtert seine Bohrbarkeit. Ein hoher P- und S-Gehalt wirkt sich bei der Zerspanung günstig aus. Legierter Stahlguß ist bei gleicher Härte schlechter als unlegierter zu bohren. Die Gußhaut ist bei allen Stahlgußarten schlecht zerspanbar und zwar um so schwieriger, je heißer die Gießtemperatur war.

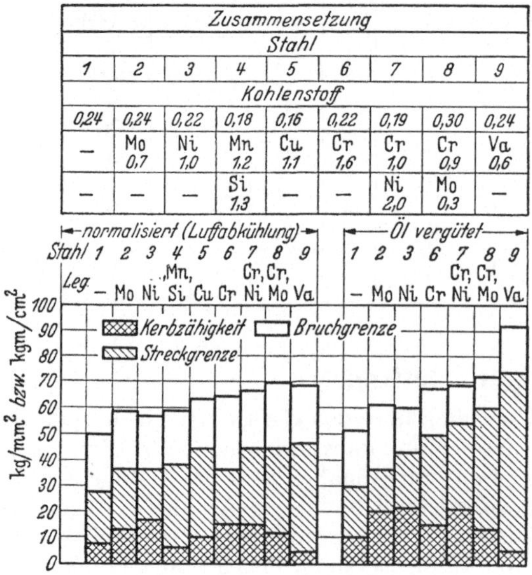

5. Mechanische Eigenschaften.

a) *Zugfestigkeit.* Abb. 1 zeigt, welche Festigkeits- und Kerbzähigkeitswerte beim unlegierten Stahlguß durchschnittlich erzielt werden. Die bei Raumtemperatur zu gewährleistenden Zugfestigkeitseigenschaften des unlegierten wärmebehandelten Stahlgusses sind in der DIN 1681 (Tab. 3) festgelegt. Tab. 3 gibt auch die Werte wieder, die vom Germanischen Lloyd und von dem Büro Veritas für den im Schiffbau verwendeten unlegierten Stahlguß vorgeschrieben sind. Tab. 4 enthält die Gütewerte, die nach der DIN 17 245 und der Kriegsmarinenorm KM 9106 für den warmfesten un- und legierten, sowie den rostbeständigen Stahlguß einzuhalten sind. Für den übrigen legierten Stahlguß liegen noch keine genormten Gütewerte vor. Tab. 4 enthält Angaben über die Zugfestigkeitseigenschaften der wichtigsten legierten Stahlgußmarken.

Zusammensetzung								
Stahl								
1	2	3	4	5	6	7	8	9
Kohlenstoff								
0,24	0,24	0,22	0,18	0,16	0,22	0,19	0,30	0,24
—	Mo 0,7	Ni 1,0	Mn 1,2	Cu 1,1	Cr 1,6	Cr 1,0	Cr 0,9	Va 0,6
—	—	—	Si 1,3	—	—	Ni 2,0	Mo 0,3	—

Abb. 2. Einfluß der Legierungsbestandteile und der Wärmebehandlung. (Nach Rys.)

Tabelle 2. *Gefüge des Stahlgusses.*

Stahlguß- Art	C %	Gefüge im Guß- oder Naturzustand	Gefüge im durch die genannte Wärmebehandlung herbeigeführten Zwischen- (I) oder End- oder Verwendungszustand (II)
unlegiert und einfach oder mehrfach niedrig legiert. Summe der Legierungsbestandteile <5%	<0,2	Ungleichmäßiges unterperlitisches Gefüge (Abb. 16a) bestehend aus α-Eisen (weiße Flächen) und streifigem Perlit-Eutektoid von α-Eisen und Zweit-Zementit Fe_3C (schwarze Flächen). Je höher der C-Gehalt, um so größer ist der Perlitanteil. In den verschiedenen Wandstärken ungleiche Kristallit- und Gefügeausbildung infolge ihrer ungleichen Abkühlung beim Erstarren und im festen Zustand (Gußgefüge).	6. *Einsatzgehärtet (II):* In den aufgekohlten Randzonen martensitisches Gefüge — zwangsweise feste Lösung von α-Eisen und Zementit —, im weich gebliebenen Kern fein ausgebildetes Abschreckgefüge (einmalige Härtung), sehr feines unterperlitisches Gefüge — Vergütungsgefüge —(zweimalige Härtung).
	0,2 bis 0,6		1. *Entspannendgeglüht (II):* Spannungfreies Gußgefüge[1]. 2. *Weichgeglüht (I):* Gleichmäßiges unterperlitisches Gefüge mit körnigem Perlit[2]. 3. *Normalgeglüht (II):* Gleichmäßiges unterperlitisches Gefüge (Abb. 16 d, e). 4. *Normal- und weichgeglüht (II):* Gleichmäßiges unterperlitisches Gefüge mit körnigem Perlit (Abb. 16f). 5. *Vergütet (II)*[3] a) *Hartvergütet:* Gleichm. Vergütungsgefüge (Abb. 16j), allerfeinste Ausscheidung des α-Fe und des körnigen Fe_3C. b) *Zähhart-vergütet:* Gleichm. Vergütungsgefüge (Abb. 16i), feinste Ausscheidung des α-Fe und des körnigen Fe_3C. c) *Zäh- oder weichvergütet:* Gleichm. Vergütungsgef. (Abb. 16h), feine Ausscheidung des α-Fe und des körnigen Fe_3C. 6. *Normalgeglüht oder vergütet und oberflächengehärtet (II):* In den oberflächengeh. Randzonen martensit. Gefüge (Abb. 16j), im Kern Normal-Glüh- oder Vergütungsgefüge, dazwischen Übergangsgefüge.
	0,6 bis 0,85		1. *Weichgeglüht (II):* wie oben. 2. *Normalgeglüht (II):* wie oben. 3. *Normal- und weichgeglüht (II):* wie oben. 4. *Gehärtet (II)* : Soweit die Härtung durchgreift, martensit. Gefüge, anschließend Übergangsgefüge unter Umständen bis Feinperlit.
	0,85	reinperlitisches Gußgefüge	
mit 5% und mehr Cr+Ni legiert	>0,35	je nach der Abkühlungsgeschwindigkeit des Gußstückes in der Form unterperl. sorbit. troostit. bis martensit. Gußgefüge	1. *Weichgeglüht (I):* wie oben. 2. *Vergütet (II):* Gleichm. Vergütungsgef. (in der Regel hart oder zähhart vergütet). 3. *Gehärtet (Luft) (II):* Gleichmäßiges martensit. Gefüge.
Chemisch beständiger, hochlegierter Cr-Stg.	>0,25 >13Cr		1. *Weichgeglüht (I):* wie oben. 2. *Zähhartvergütet (II):* Gleichm. Vergütungsgefüge.
	>0,5 >16Cr		1. *Weichgeglüht (I):* wie oben. 2. *Gehärtet (Luft) (II):* Gleichm. martens. Gefüge.
	>0,2 >20Cr	in den verschiedenen Wandstärken ungleichmäßig ausgebildete Ferrit-Kristallite mit Chromkarbidausscheidungen an den Korngrenzen. Infolge des Fehlens der Zweitkristallisation kann das Gußgefüge durch keine Wärmebehandlung verändert werden. Das Gußstück wird zur Entspannung entspannend geglüht (*II*).	

[1] Nur bei niedrig beanspruchtem unleg. Stg. [2] Wenn die Festigkeit d. Stg. > 70 kg/mm².
[3] Nur durchführbar, wenn der Stg. härtbar ist.

Tabelle 2 (Fortsetzung.)

Stahlguß-Art	Gefüge im Guß- und Naturzustand	Gefüge im durch die genannte Wärmebehandlung herbeigeführten Zwischen- (I) oder End- oder Verwendungszustand (II)
unmagnetisch. Mn- und Ni-Stg., chem. beständiger CrNi-Stg., chem. beständig. u. zunderf. CrMn- u. CrNi-Stahlguß.	austenit. Gußgefüge mit Korngrenzen-karbid-aussch. Bei Mn-Stg. mitunter auch Rest-Martensit.	1. *Abgeschreckt (II):* reinaustenitisches Gefüge — feste Lösung von γ-Eisen und den Fe-Mn und Fe-Cr-Karbiden. Durch das Erhitzen auf die hohe Abschrecktemperatur (über 1000°) werden die Kristallite des Gußzustandes etwas gröber. 2. *Entspannend geglüht (II):* Nach dem Abschrecken zur Entspannung, spannungsfreier rein austenitischer Zustand.

Sie und Abb. 2 weisen den günstigen Einfluß der Legierungszusätze auf die mechanischen Eigenschaften des Stahlgusses nach. Mit wachsender Wandstärke verschlechtern sich die Werte der Zugzerreißprobe infolge von Blockseigerungen, Änderung der Dichte und gröberer Ausbildung des Gefüges. Die Festigkeits- und alle anderen Verwendungseigenschaften hängen außerdem von der Art und Ausbildung des Gefüges ab, die bei der Wärmebehandlung des Gußstückes erzielt werden. Im normalgeglüht ofen- und lufterkalteten und im zähvergüteten Zustand liegt gleichartiges Gefüge vor, das im erstgenannten Zustand am gröbsten, im letztgenannten am feinsten ausgebildet ist (Abb. 16c, d, f). Tab. 14 und Abb. 2 zeigen, daß mit der feineren Form des Gefüges die Streck- und Bruchgrenze, Einschnürung und Kerbzähigkeit besser werden.

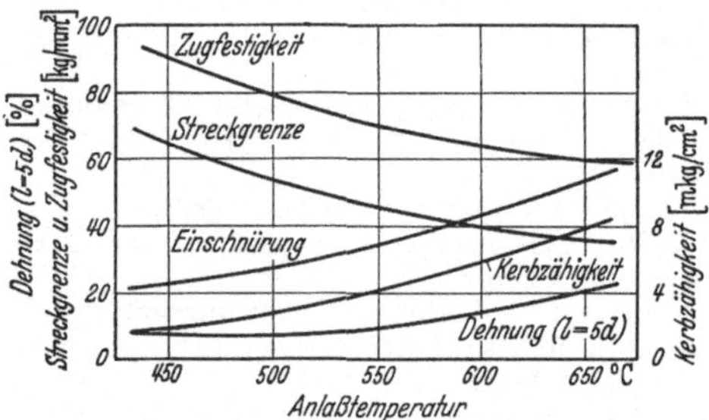

Abb. 3. Festigkeitseigenschaften des vergüteten Stg 52.81 bei 30⋯40 mm Wandstärke. (Roesch.)

Tab. 14 und Abb. 3 weisen nach, daß beim Vergüten durch Wahl verschiedener Anlaßtemperaturen die Festigkeitseigenschaften, die Kerbzähigkeit und alle anderen Verwendungseigenschaften innerhalb bestimmter Grenzen geändert werden können.

Bis —80° nimmt die Streck- und Bruchgrenze des Stg 45 und 52 linear um 20 bis 30% zu. Die Dehnung und Einschnürung steigen beim Stg 45 mit abnehmender Temperatur etwas an, die des Stg 52 werden dabei kleiner. Die Elastizitätsgrenze beider ändert sich bei der Abkühlung nicht.

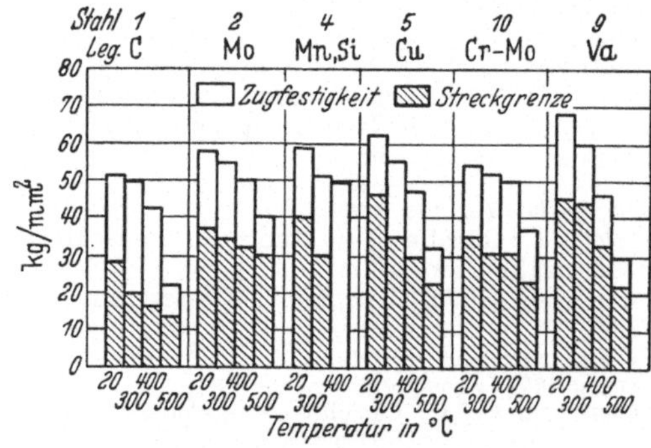

Abb. 4. Warmfestigkeit von unlegiertem und legiertem Stahlguß.

Die Warmfestigkeit nimmt, falls der Zerreißversuch so rasch durchgeführt wird, daß während desselben keine Ausscheidungshärtung eintreten kann, mit steigender Temperatur ab. Ist während desselben eine Ausscheidungshärtung möglich, so steigt sie bis etwa 300° über die Ursprungsfestigkeit an, um dann dauernd abzusinken. In Abb. 4 ist die Zugfestigkeit und Streckgrenze des Stg 45 und einzelner legierter Stahlgußmarken bei den Temperaturen von 300, 400 und 500° wiedergegeben. Tab. 4 gibt an, welche Mindest-Warmstreckgrenzen nach der DIN 17245 und der Kriegsmarinenorm 9106 bei dem warmfesten Stahlguß er-

Tabelle 3. *Mechanische Eigenschaften des unlegierten und des legierten Stahlgusses.*

Klasse		Marke Stg. (GS)		Zugvers. DIN 1605 σ_{zS} > kg/mm²	σ_{zB} > kg/mm²	δ_5 > %	ψ > %	Kerbzähigkeit > mkg/cm² DVM*	VGB*	Faltvers. Biege ∢ 180°	Verwendung
				unlegierter Stahlguß							
DIN 1681, Stahlguß mit besonderen mechan. Eigenschaften	Normal-Güte	38.81 (C ≈ 0,15)		—	38	20	—	—	—	—	dynamisch mäßig beanspruchte Gußstücke
		45.81 (C ≈ 0,25[1])		—	45	16	—	—	—	—	
		52.81 (C ≈ 0,35)		—	52	12	—	—	—	—	
		60.81 (C ≈ 0,45)		—	60	8	—	—	—	—	[1] auch KM 9106
	Sondergüte	38.81 (C ≈ 0,15)	S[1]				—	—	—	—	dynamisch hochbeanspruchte Gußstücke
			K	18	38	25	—	5	7	—	[1] auch KM 9106 (nach dieser Norm darf bei Wanddicken von mehr als 60 mm die Zugfest. um 3 kg/mm², die Streckgrenze um 2 kg/mm² kleiner sein)
			B				25	—	—	D = 2a	
			BK				25	—	—	D = 2a	
		45.81 (C ≈ 0,25)	S				—	—	—	—	
			K	22	45	22	—	4	6	—	
			B				20	—	—	D = 3a	
			BK[1]				20	4	6	D = 3a	
		52.81 (C≈0,35)	S[1]				—	—	—	—	D = Dorndurchmesser
			K	25	52	18	—	3	4	—	a = Probendicke
			B				17	—	—	D = 4a	
			BK[1]					3	4	D = 4a	
		60.81	S	36	60	15	—	—	—	—	
	mit bes. magnet. Eigenschaften	38.81 D 45.81 D		Magnetische Induktion Ampèrewindg. CGS-Einheiten (Gaus) >			25 14500	50 16000		100 17500	Gußstücke des Elektromaschinenbaues (Festigkeitseigenschaft wie Normal-Güte)
harter Stahlguß		65 (C ≈ 0,55)		—	65	6	—	—	—	—	Zahn-Schneckenräder, Kammwalzen
		70 (C ≈ 0,65)		—	70	4	—	—	—	—	
		75 (C ≈ 0,75)		—	75	3	—	—	—	—	Ventile und Kolben für Gasmotore
		80 (C ≈ 0,85)		—	80	2	—	—	—	—	Mahlplatten

unlegierter Stahlguß für den Schiffbau

Vorschrift des	σ_{zB} kg/mm²		δ_5 %	Faltvers. Probe	∢°	Besondere Vorschriften
Germanischen Lloyd	—	38	25	30 ⌀ mal 300 mm bes. Fälle	180	*Klangvers.:* freihäng. Stück m. 3—4 kg Hammer schlagen
	—	45	22		> 90	*Fallprobe:* 2—3,5 m fallen lassen, sperrige St. um 45°
	—	52	18		> 90	*Wasserdruckpr.:* Kesselbau 2-fa. Masch.bau, 3-facher Betr.druck
Büro Veritas. Probe 13,8 mm ⌀, l = 100 mm) δ 7,5	—	40	20	25 ⌀ mal 250 mm	>120	*Fallprobe:* wie oben
	—	45	18		> 90	*Schlagprobe:* Probestab von 25 mm ⌀ × 250 mm, auf zwei 160 mm voneinander entfernte Schneiden gelegt, soll 10 Schläge aus 2,75 m mit 13 kg Bär aushalten
	—	50	16		—	
	—	55	14		—	

* DVM = Deutscher Verband der Materialprüfer. — VGB = Verein der Großkessel-Besitzer.

Anmerkung: Zu den in den Tabellen dieses Buches genannten DIN-Blättern wird bemerkt: Maßgebend ist die neueste Ausgabe des betr. Normblattes, die vom Beuth-Vertrieb, Berlin W 15 oder Köln, zu beziehen ist.

reicht werden müssen. Beide lassen den günstigen Einfluß des Cr, Mn, Mo und V auf die Warmfestigkeit erkennen.

b) *DVM-Kriechgrenze.* Für die Beurteilung des Verhaltens des Stahlgusses bei hohen Temperaturen genügt die Kenntnis der Warmstreckgrenze nicht. Dafür kommt die DVM-Kriechgrenze in Frage. Sie ist für eine bestimmte Temperatur die Kriechgrenze für eine Kriechgeschwindigkeit von $19 \cdot 10^{-4}$ %/h in der 25.—35. Stunde des 45 h-Kurzzeitstandversuches, ohne daß die bleibende Dehnung nach 45 Stunden einen Wert von 0,2% übersteigt. Tabelle 4 und 5 geben die nach DIN 50117 und 18 ermittelten Mindest-DVM-Kriechgrenzen der gebräuchlichsten und der in DIN 17 245 und der Kriegsmarinenorm 9106 aufgenommenen warmfesten Stahlgußmarken wieder. Sie zeigen, daß Mn, Cr, Mo und V diese Eigenschaft günstig beeinflussen. Auch CrNi-Stahlguß ist dauerstandfest. Die hoch mit Cr und Ni legierten zunderfesten Stahlgußmarken weisen bei sehr hohen Temperaturen noch die folgenden Belastbarkeiten auf (Tabelle 6).

Die Dauerbelastbarkeit ist die Spannung, die nach 1000 h eine bleibende Dehnung von 1% hervorruft.

Von den dauerstandfesten Stählen wird noch gefordert, daß sie im Gebrauch nicht verspröden.

Tabelle 4. *Mechanische Eigenschaften des warmfesten und rostbeständigen Stahlgusses.*

Norm		Marke Stg (GS) (Analyse)	Mindest kg/mm²												δ 5 min.	Kerbzah. σ_k mind. mkg/mm² (Din 50115)	
			σ_zB	Streckengreze bei ° (DIN 50 112)					DVM-Kriechgrenze bei ° (DIN 50 117—19)								
				20	200	300	350	400	400	425	450	475	500	525	%	DVM	VGB
DIN 17245	warmfester Stahlguß	C 25[1]	45	25	24	17	15	13	12	10	8	8	(4)[3]	—	22	5	6
DIN 17245	warmfester Stahlguß	22 Mo4[1] (0,18—0,25 C, 0,3 Cr, 0,35—0,45 Mo)	45	27	24	21	19	17	17	16	15	13	12	9	22	5	6
DIN 17245	warmfester Stahlguß	22 CrMo5[1] (0,9—0,25 C, 0,8—1,1 Cr, 0,2—0,3 Mo)	50	30	28	25	23	21	20	17	15	12	10	6	20	4	5
DIN 17245	warmfester Stahlguß	22 CrMo54[1] (0,19—0,25 C, 0,8—1,1 Cr, 0,4—0,5 Mo	53	30	29	28	26	24	23	21	20	17	15	10	20	4	5
DIN 17245	warmfester Stahlguß	22 MoV22[2] 0,18—0,25 C, 0,3 Cr, 0,2—0,25 Mo, 0,2 bis 0,25 V)	45	27	24	21	19	17	17	16	15	13	12	9	22	5	6
DIN 17245	warmfester Stahlguß	22 CrMoV32[2] (0,19—0,25C, 0,6—0,9 Cr, 0,2—0,3 M, 0,2 bis 0,3 V)	53	30	29	28	26	24	23	21	20	17	15	10	20	4	5
KM 9106	warmfester Stahlguß	45,82 (0,2—0,28 C)	45	25	—	17	15	12	8	—	4	—	—	—	22	4	6
KM 9106	warmfester Stahlguß	MnV 52,82 (0,25 C, 1,2 Mn, 0,3V)	52	30	—	—	—	—	19	—	13	—	8	—	20	4	6
KM 9106	warmfester Stahlguß	CrV 55,82 (0,25 C, 1,0 Cr, 0,3V)	55	32	—	—	—	—	—	—	17	—	12	—	20	4	5
KM 9106	rost-best.	Cr1, 4 KM (13 Cr)	80	40	—	(35)	(30)	—	(20)	—	(14)	—	(8)	—	12	3	4

[1] Werte gelten im vergüteten Zustand, [2] Werte gelten im luftvergüteten Zustand. [3] Soll bei dieser Temperatur nicht mehr verwendet werden. Anmerkung. Siehe die Anmerkung unter Tabelle 3, S. 9.

c) *Biegefestigkeit.* Sie wird nur bei den ferritisch-karbidischen rostfreien und zunderfesten Cr-Stahlgußmarken zur Beurteilung ihrer Güte herangezogen. Tab. 5 gibt die Durchschnittswerte ihrer Biegeproben wieder.

Tabelle 5. *Legierter Stahlguß.* — Siehe die Anmerkung unter Tabelle 3, Seite 9

Einteilung			Durchschnittliche Zusammensetzung in %						Zugzerreißprobe Mittelwerte				A_K[1]	Gefüge[2]	Verwendung
ippe	Klasse	Marke	C	Mn	Si	Cr	Mo[4]		σ_{zS} kg/mm²	σ_{zB} kg/mm²	δ 5 %	ψ %	mkg/cm²		
Stg. mit besonderen Eigenschaften.	für Einsatzhärtung	ECr	0,16	0,5		0,75	—	—	55	80	15		8		Zahn- u. Kettenräder- u. andere verschl. und stoß- oder wechselnd beanspruchte Bauteile
		ECrMn	0,20	1,3		1,3	—	—	90	130	7	ge-	4		
		ECrMo	0,15	0,8	0,4	1,2	0,3	—	70	100	10	härtet im	5	up.	
			0,18	1,1		1,3	0,3	Ni	100	130	7	Kern	4		
		ECrNi	0,15	0,5		1,2	—	4,5	100	130	10		7		
	für Vergütung	VMN	0,3	1,5	0,4	—	—	—	50	70	20	55	6		hoch — dynamisch beanspruchte- Bauteile
		VMnSi	0,3	1,3	1,0	—	—	—	40	70	20	55	8		
		VCr	0,35	0,7	0,4	1,1	—	—	40	80	15	50	5		
		VCrMn	0,4	1,1	0,6	1,1	—	V—	70	100	11	45	5	up.	sehr hoch
		VCrV	0,5	0,7	0,4	1,1	—	0,2	80	105	9	40	4		
		VCrMo	0,37	0,7	0,4	1.1	—	—	70	95	12	50	6		höchst
			0,4			1,7	0,2	Ni	100	125	10	45	4		
		VCrNi	0,35	0,6	0,4	1,3	—	4,5	100	125	12	50	6	m.	
	warm- bzw. dauerstandfest														Stg σ DS > kg/mm bei 400° / 450° / 500° / 550°
		VMn	0,20	1,2		—	—	V	30	50	25	55	8		15 / 10 / — / —
		VMnV	0,20	1,2		—	—	0,2	35	55	25	55	8		19 / 13 / 8 / —
		VCrV[3]	0,25	0,6	0,4	1,2	—	0,2	35	55	27	60	10	up.	21 / 17 / 12 / —
		VCrMo[3]	0,25	0,7		1,2	0,4	W	35	55	25	60	10		22 / 20 / 15 / —
		VCrMoW	0,2	0,6		6,0	0,5	0,6	50	70	19	55	10		H-beständg 17
	warm-verschlf.	VCrV	0,7	0,3	1,0	2,0	—	1,5	—	120	—	—	—		Warmwalzen (Rohr)
		VCrMo	0,2	0,5	0,4	1,2	0,3	V	38	60 bis 110	22 bis 8	70 bis 20	20 bis 3	up.	Walzstopfen, Dorne u. Matrizen z. Lochen von Stahl
		VCrV	0,2				—	0.2							
	verschl. fest	VMN	0,5	1,5	0,4	—	—	—	55	80	18	45	4		Kegel-Zahn-Laufräder u. a. im Gebrauch kalthärt. Bauteile
		VSi	0,45	0,6	1,5	—	—	—	50	75	20	45	4		
		VCr	0,5	0,7	0,4	1,1	—	—	60	85	14	35	—		
		Mn	1,1	12	0,5	—	—	—	32	80	35	25	20	au-k	i. Gebr. kalthärtende Bauteile
Stg. mit besond. magn. Eigenschaften.	unmagn.														unmagn. Bauteile
		Ni	0,5	0,4	3,3	—	—	23	—	—	—	—	—		Schutzhauben für U-Boote.
	magn. w	Si	0,05	0,2	4,0	Co	Al	—	geringe Wattverluste						Teil. f. magn. Prüf.
	magn. hart	NiAl	0,1	Mo	—w	8	12	27	Remanenz, Gauß	6000	Koerzkraft Oerst		700	—	Dauermagnete
		CoWAlMo	0,1	2,5	7	30	3	—		8500			225		
Stg. mit bes. chem. Eigensch.	laugenf.	VNi	0,25	0,7	0,5	—	—	3,0	50	65	22	60		up.	Autoklaven
	seewf.	VCr	0,15	0,4	0,4	4,5	—	—	55	70	20	70			seew. gekühlte Zylind. u. Kolb.
	rost- seewasser- u. korrosionsf.	VCr (Mo)	0,25			>13	Mo	—	55	77	12	40	3,5	up bis m.	Armaturen, Apparate-, Turb.bau, Propeller
						>16	(2)	—	60	85	8	20	—		
			0,5	0,5	0,4	>16	—	—	gegl. 70 gehärt. 60 R.						Kolbenventile
		Cr (Mo)	>0,2			30	(2)	—	—	50	—	—	—	f—k	Apparate-Motorb.
		CrNi(Mo)	0,1			18	(2)	8	20	55	40	—	—	au-k	Armat. d. Zell- und Sprengstoffind.
			außer em Ta+Nb o. Ti[3]						20	55	25	—	—		
												Biegepr.		au-k	stoßbeanspr. Teile
	zunderfest	CrMn	0,25	17	0,5	12	—	—	40	65	40	σbB	fmm		Bauteile, die Temp. bis ...°C ausges. sind 850
		Cr	>0,3			>16	—	—	45	77	—	77	16	m.	900
			>0,2	0,5	1,2	>20	—	—	—	50	8	63	11	fk.	1000
						27	—	—	—	50	—	63	11		1200
	u. hochwarmf.	CrNi	>0,2	0,5	1,2	20	—	8	30	55	15	—	—	au-f	i. S. freier Atmosph. 950
						22	—	20	25	50	9	—	—	au-k	1050
						26	—	30	25	47	12	—	—		1150

[1] Kerbzähigkeit DVM, [2] Gefüge: up. = unterperlit. m = martensit. au-f = austenit.-ferrit. au-k = austenit.-karbidisch, k=ferrit.-karbidisch. [3] mit 2,5% Cr auch als Nitrierstahl verwendbar. [4] ohne Nachvergütung schweißbar. (Mo) mitunter r Erhöhung d. chem. Widerstandes u. d. Warmfestigkeit.

d) *Dauerfestigkeiten.* Die Dauerfestigkeiten: Biege-, Zug-Druck- und Verdrehwechsel- oder Schwingungsfestigkeit sind von der Gestalt und der Oberflächenbeschaffenheit des Gußstückes abhängig, die beide durch ihre Kerbwirkung diese Dauerfestigkeiten herabsetzen. So hat THUM die *Biegewechselfestigkeit* des Stg45 an einem T-förmigen unbearbeiteten Gußstück mit 0,36%, an demselben, aber bearbeiteten Gußstück mit 0,43% der Zugfestigkeit ermittelt. Abb. 1 gibt die an glatten Rundstäben festgestellten Biegewechselfestigkeiten (Schwingungsfestigkeiten) des unlegierten Stahlgusses wieder. Ihr Verhältnis zur Zugfestigkeit ist durchweg etwa 0,4. Tab. 7 bringt die von JURETZEK veröffentlichten Werte der Biegewechselfestigkeit von Stg60 und Mo-legiertem Stahlguß.

Tabelle 6. *Dauerbelastbarkeit von zunderfestem CrNi-Stahlguß.*

Marke	Dauerbelastbarkeit kg/mm² bei			
	600°	700°	800°	900°
Cr 20 Ni 8	8	4,5	2,0	0,8
Cr 22 Ni 20	8	5,0	2,8	1,3
Cr 26 Ni 30	8	5,0	3,0	1,5

Die Biegewechselfestigkeit des ungekerbten glatten Stahlrundstabes ist im Gußzustand geringer als im warmverformten Zustand des Stahles. Bei dem gekerbten glatten Rundstab ist jedoch das Umgekehrte der Fall. Der Stahl ist also im Gußzustand kerbunempfindlicher als im verformten. Es ist dies wahrscheinlich auf die mikroskopischen Lunkerstellen und das Fehlen einer Faserrichtung zurückzuführen. Bei Werkstücken mit stark kerbwirkender Gestalt kann es also vorkommen, daß sie in gegossener Ausführung dauerfester sind als in warmverformter. Der Stahlguß weist auch günstigere Dauerfestigkeiten als die Schweißkonstruktionen auf.

Tabelle 7. *Biegewechselfestigkeit.*

Rundstab geschliffen und	Verhältnis der $\sigma_{wB} : \sigma_{zB}$ bei			
	Stg 60 normalis. 60 kg/mm²	Stg Cr1 Mo02 vergütet auf 80 kg/mm²	Stg Cr1 Mo02 vergütet auf 98 kg/mm²	Stg Mn 1,2Cr 1,5Mo vergütet auf 117 kg/mm²
gekerbt, Kerbe 0,4r, 0,5 tief .	0,39	0,40	0,36	0,35
nicht weiter behandelt . . .	0,40	0,42	0,39	0,38
mit Stahlkies gestrahlt. . .	0,52	0,46	0,45	0,41

Die *Verdrehwechselfestigkeit* verhält sich zur Biegewechselfestigkeit wie 0,6:1.

e) *Faltversuch* (Biegeprobe). Er ist in der DIN 1681 nur bei den Marken B und BK der Sondergüte vorgeschrieben. Er wird auch bei dem im Schiffbau verwendeten unlegierten Stahlguß und dem warmfesten und rostbeständigen Stahlguß nach Kriegsmarinenorm KM 9106 zur Beurteilung ihrer Güte herangezogen. Tab. 3 gibt die Werte wieder, die beim unlegierten Stahlguß für den Faltversuch einzuhalten sind.

f) *Kerbzähigkeit.* Abb. 1 zeigt, welche Kerbzähigkeiten bei dem unlegierten Stahlguß durchschnittlich erzielt werden. Tab. 3 enthält Angaben über die Mindestkerbzähigkeit, die nach der DIN 1681 für die Marken K und BK der Sondergüte und nach der DIN 17245 und der KM 9106 für den warmfesten und rostbeständigen Stahlguß für die große (Probenform 30mal 15mal 160,4 mm Rundkerb, 15 mm Kerbtiefe VGB) und für die kleine Probe (Probenform 10mal 10,55, 2 mm Rundkerb, 3 mm Kerbtiefe-DVM) vorgeschrieben sind. In Abb. 2 ist die Kerbzähigkeit des Stg45 den Kerbzähigkeiten einiger niedrig legierter Stahlgußmarken im normal geglühten und im zäh vergüteten Zustand gegenübergestellt. Sie ist in dem letztgenannten Zustand günstiger, Tab. 14 weist dies auch nach. Tab. 5 enthält Angaben über die Mindestkerbzähigkeiten der meisten darin angeführten Stahlgußmarken. Sie sowie Abb. 2 lassen den günstigen Einfluß der Legierungszusätze auf die Kerbzähigkeit erkennen.

Mit steigender Temperatur strebt die Kerbzähigkeit einem zwischen 200 und 400° liegenden Höchstwerte zu, bei weiterem Temperaturanstieg fällt sie wieder ab. Bei Abkühlung unter die Raumtemperatur gehen die Kerbzähigkeiten der legierten Stahlgußmarken bis zu den Temperaturen von —60° langsam zurück. Bei dem unlegierten Stahlguß tritt schon zwischen + und —20° ein starker Abfall der Kerbzähigkeit ein. Die Stärke des Abfalles der Kerbzähigkeit mit sinkender Temperatur hängt außer von der Zusammensetzung auch noch von der Güte des Stahles ab. Neigt der Stahl zum Altern, so tritt bald ein sehr steiler Abfall der Kerbzähigkeit ein. Die austenitischen CrMn- und CrNi-Stahlgußmarken weisen bei einwandfreier Güte auch noch bei —180° keine Versprödung auf.

g) *Verschleißfestigkeit.* Für den Widerstand gegen den Verschleiß lassen sich keine praktisch verwendbaren Werte angeben, da die im Gebrauch auftretenden Verschleißbeanspruchungen sich in den einzelnen Verschleißprüfmaschinen nicht einstellen lassen. Im allgemeinen steigt die Verschleißfestigkeit mit der Härte des Stahles. Bei geringen Beanspruchungen genügt harter Stahlguß, bei höheren wird Mn-, Si-Cr-, Cr-Ni- und Cr-Mo-Stahlguß vorteilhaft verwendet. Besonders verschleißfest ist der 12proz. Mn-Stahlguß. Er ist den anderen verschleißfesten Stahlgußmarken jedoch nur dann überlegen, wenn er bei der Verschleißbeanspruchung durch Kaltverformung härter wird.

6. Physikalische und chemische Eigenschaften. *Physikalische Eigenschaften.* Der unlegierte Stahlguß hat eine Wichte von 7,85, bei dem legierten Stahlguß ist sie von der Menge und der Wichte der Legierungselemente abhängig. Die Brinellhärte H_n des unlegierten Stahlgusses beträgt das 2,78fache der Zugfestigkeit, für die legierten Stahlgußsorten ändert sich die Umrechnung. Die Legierungselemente erhöhen die Härte erstens unmittelbar und zweitens mittelbar durch ihre Einwirkung auf das Gefüge. Die feste lineare Schwindung des un- und des niedriglegierten Stahlgusses beträgt 2%, bei höher legierten Stählen ist sie größer, sie erreicht z. B. bei dem 12proz. Mn-Stahlguß die Höhe von 3%. Die Leitfähigkeit für Wärme und Elektrizität wird durch jeden Legierungszusatz verkleinert. Legierter Stahlguß muß daher langsam erwärmt und abgekühlt werden. Auch die spezifische Wärme wird durch die Legierung geändert. Tab. 3 gibt die nach der Norm gewährleisteten magnetischen Eigenschaften des unlegierten Stahlgusses wieder. Die austenitischen Stahlgußmarken sind unmagnetisch. Der Dauermagnetismus wird durch die Elemente Cr, W, Co, Ni und Al verbessert.

Chemische Eigenschaften.. Unlegierter Stahlguß ist gegen Seewasser, Säuren und den Einfluß der Atmosphäre bei höheren Temperaturen wenig widerstandsfähig, gegen Laugen hält er bei Kohlenstoffgehalten über 0,15% stand. Die chemische Widerstandsfähigkeit wird durch einzelne Legierungselemente verbessert, so daß heute Stahlguß hergestellt werden kann, der gegen jede chemische Beanspruchung widerstandsfähig ist. Tab. 5 gibt die wichtigsten rost-, seewasser-, säure- und feuerbeständigen Stahlgußmarken wieder. Die Rostbeständigkeit wird durch einen Cu-Gehalt über 0,3% gesteigert, auch niedrige Cr- und Ni-Gehalte verbessern sie.

7. Verwendung. Durch Vergießen in Formen ist der Stahl leichter in technisch brauchbare Werkstücke überzuführen als durch Walzen und Schmieden und etwa noch weiter notwendige Bearbeitung mit Schneidwerkzeugen. Die Ausführung bestimmter Bauteile als Stahlguß ist überall dort in Betracht zu ziehen, wo die Gütewerte des warmbehandelten Gußzustandes den Beanspruchungen genügen und wirtschaftliche Vorteile durch diese Art der Herstellung erreicht werden.

Stahlguß wird mit Erfolg verwendet im: Kraftmaschinenbau—Dampfmaschinen, Dampfturbinen, Dieselmotoren und Verbrennungsmaschinen —, im Kessel-, Armaturen-, Dampfleitungs- und Pumpenbau, im sonstigen Maschinenbau, im Elektromaschinen-, Apparate-, Walzwerksbau, im Bau der Verkehrsmittel — Automobil, Flugzeug, Lokomotive, Eisenbahn- und Straßenbahnwagen, Geleise und Schiff.

V. Erzeugung des Stahlgusses.

A. Gestaltung des Stahlgußstückes.

Die Gestalt des Gußstückes hat einen Einfluß auf seine Güte und seine Herstellungskosten. Es soll so gestaltet werden, daß seine Dauerfestigkeit jener seines Werkstoffes im glatten Probestab gleichkommt, und daß es mit den geringsten Kosten herstellbar ist. Ist das erste der Fall, so kann das Gußstück dünnwandiger und damit leichter gehalten werden, so daß weniger Stahl zu seiner Herstellung verbraucht wird. Zur Erfüllung der zweiten Forderung muß es gieß-, modell-, einform-, putz-, wärmebehandlungs-, werkstatt-, maß- und prüfgerecht entworfen sein. Die Bedingungen, die der Entwerfer zur Erfüllung dieser Forderungen bei dem Entwurf des Gußstückes berücksichtigen muß, sind dem Hefte 30 zu entnehmen. Sie bewirken, daß Ausschuß durch Lunker, Risse, Maßabweichungen und andere Gußfehler weitgehend ausgeschaltet wird, und daß die Kosten für Modell, Form, Putzen, Wärmebehandeln, Zerspanen, Prüfen und Zusammenbauen den niedrigsten Wert annehmen.

B. Herstellung der Form.

Zum Herstellen der Form werden benötigt: Modell oder Lehre (Schablone), Formstoff, Formkästen oder ein Herd, Formwerkzeuge, Formmaschine, Trocken- oder Brennofen.

8. Modell und Lehre. Gußstücke, die Drehkörper sind (Scheiben, Räder, Glocken und andere), oder deren Form durch Führung ihrer Lehre entlang einer Leitlinie hergestellt werden kann (Rohrkrümmer, Winkel u. a.), können mit Modell oder Lehre eingeformt werden. Für die übrigen Gußstücke kommt nur das Modell in Frage. Das Modell ist das Abbild des Gußstückes. Seine Kosten K_m sind größer als die der Lehre K_l. Dafür ist der Stücklohn für das Modellformen L_m niedriger als der für das Lehrenformen L_l. Ab der Stückzahl x, die sich durch die Formel

$$x = \frac{K_m - K_l}{L_l - L_m}$$

errechnet, ist das Modellformen billiger. Mit dem Modell ist die Genauigkeit der Form leichter zu erzielen.

Die Modelle, Lehren und Kernkästen werden gewöhnlich aus raumtrockenem, gesundem, keine losen Äste aufweisendem, weichem Holz hergestellt, und zwar hauptsächlich aus Fichten-, größere aus Kiefern-, wertvolle vielgestaltige Modelle aus Erlenholz. Auch Lindenholz kommt in Frage. Als Füllholz wird auch das Tannenholz verwendet. In besonderen Fällen wird das Modell aus Hartholz — Ahorn, Birne, Buche, Kirsch und Nuß — angefertigt. Bei großen Stückzahlen wird das Modell und der Kernkasten aus Grauguß, das Modell auch aus Blei-, Zink-Aluminiumlegierungen und Messing (Ms 63, Ms 67) hergestellt. Auch Preßmassen und Preßstoffe mit Überwachungszeichen nach DIN 7702 kommen in Frage. Die Modelle werden so oft geteilt, wie es zu ihrer leichten Herausnahme aus der Form notwendig ist. Sie müssen ebenso wie die Lehren um das Ist-Schwindmaß des Stahles größer gehalten werden. Ist keine Störung der Schwindung zu erwarten, so kommt es dem linearen Schwindmaß des verwendeten Stahles gleich. Das Ist-Schwindmaß wird auf Grund der Erfahrungen an ähnlichen Gußstücken ermittelt, bei großen Stückzahlen wird es an einem Probeguß festgestellt.

Die Holzmodelle werden je nach der Stückzahl der anzufertigenden Gußstücke oder je nach der gewünschten Genauigkeit des Gußstückes hergestellt. DIN 1511 legt ihre Werkstoffe, Schwindmaße und die Vorschriften für die Farbe ihres Schutzanstriches und ihrer sonstigen Kennzeichen fest. Die DATSCH-Lehrtafeln falsch und richtig geben ein Bild über die Fehler, die bei der Ausführung der Modelle und Kernkästen gemacht werden können.

9. Formwerkstoffe. a) *Formstoffe für Formhülle und Kerne* werden je nach dem Gewicht des Gußstückes entweder aus Formsand oder aus Schamottemasse hergestellt. Sie müssen bildsam, formfest, gasdurchlässig und feuerfest sein. Infolge der hohen Hitzebeanspruchung der Stahlgußformen, insbesonders ihrer Kerne, muß die Feuerbeständigkeit ihrer Formstoffe sehr hoch sein. Die Stahlgußform wird nur einmal verwendet, nach ihrem Gebrauch wird der Formstoff nach entsprechender Aufbereitung wieder verwertet.

Der *Formsand* für die Formhülle ist entweder ein natürliches Gemenge von Quarzsand mit Ton (natürlicher Formsand) oder ein künstliches Gemenge von reinem Quarzsand mit natürlichem oder künstlichem aufquellendem Ton, Bentonit, (synthetischer Formsand) oder mit Zement (Zementsand) oder mit Phenolharz (Phenolharzsand). Der synthetische Formsand hat vor dem natürlichen den Vorteil der gleichmäßigeren Beschaffenheit. Er ergibt bessere Gasdurchlässigkeit der Form, größere Maßhaltigkeit der Abgüsse und weniger Putzarbeiten. Nach dem Tongehalt und der Korngröße wird der natürliche Formsand nach DIN 52401 in grob-, mittel- und feinkörnigen, mageren, mittelfetten und fetten Formsand eingeteilt. Neben dem Tongehalt und der Sandkorngröße spielt noch die Beschaffenheit des Sandkornes (glatte rundliche, oder rauhe, eckige Körner) und der Feuchtigkeitsgehalt eine wichtige Rolle, sie beeinflussen die Festigkeit und die Gasdurchlässigkeit der Form. Zur Erzielung der notwendigen Beschaffenheit muß der neue und der gebrauchte Formsand aufbereitet, das ist getrocknet, gemahlen, gesiebt und angefeuchtet werden. Der Altsand wird außerdem mit einer bestimmten Menge Neusand aufgefrischt. Die verwendeten Formsande sollen ständig nach DIN 52401 auf ihre einwandfreie Beschaffenheit überprüft werden.

Der Zementsand ist ein Gemenge von reinem Quarzsand, etwa 10% Normenzement (Portland-, Eisenportland-, Hochofen- oder Tonzement) und 6···8% Wasser. Der Zementsand, der nicht länger als 4 Stunden stehen darf, wird im gut handfeuchten Zustand in Modellsandstärke auf das Modell gedrückt und dann wird der noch freigebliebene Raum des Formkastens mit „Füllsand" hinterstampft. Die Form ist je nach Luftfeuchtigkeit und Temperatur in etwa zwölf Stunden gut hart, sie ist sehr gasdurchlässig. Die Verwendung des Zementsandes hat den Vorteil, daß das Trocknen der Formen in Trockenöfen entfällt, daß auch größere Gußstücke, die bisher in Masseformen hergestellt wurden, nun in Sandformen abgegossen werden können, weiters, daß Stampfen, Polieren und Stecken von Formstiften nicht notwendig sind. Die Formerleistung ist um 25% größer.

Der von Croning (Hamburg) zur Herstellung von Formmasken eingeführte *Phenolharzsand* [1] kann in der Stahlgießerei bei Serienfertigung mit Vorteil verwendet werden. Er besteht aus 91···95% gewaschenem und getrocknetem, eisenoxyd- und tonfreiem Quarzsand und 5···9% Phenolharz, dem als Härtebeschleuniger 10···15% Hexamethylentetramin beigesetzt sind. Dieses Gemenge wird mit Hilfe eines Kippgefäßes, dessen oberer Deckel die mit einer Silikonemulsion besprengte Modellplatte ist, auf die auf 180···260° erhitzte Modellplatte gekippt. Der Formstoff schmiegt sich den Modellkonturen an und bildet in 6 bis 15 Sekunden eine Formmaske von gleichmäßiger Dicke. Durch Zurückkippen wird der überschüssige

[1] Vgl. Werkstattstechn. u. Maschinenbau 1953, S. 32, und Z. d. VDI 1935, S. 238.

Formstoff entfernt. Die Modellplatte samt der anhaftenden Formmaske wird sodann in einem Ofen bei 320° in etwa einer Minute ausgehärtet. Wenn es notwendig ist, wird die Maske mit Stahlkies oder gewöhnlichem Formsand abgestützt. Diese Hinterfüllstoffe sollen eine ausreichende Gasdurchlässigkeit aufweisen. Die mit Hilfe dieses Formverfahrens hergestellten Gußstücke weisen eine hohe Genauigkeit auf, es erspart Trocken-, Putz- und Bearbeitungskosten. Es ermöglicht eine Verkleinerung der Wandstärke des Gußstückes und eine Herabsetzung der Bearbeitungszugaben. Es beansprucht einen geringeren Raum- und Formstoffbedarf und ergibt größere Formleistungen und gute Abstimmung zwischen Schmelz- und Formarbeit.

Der *Kernsand* ist entweder ein reiner Quarzsand oder ein grober, magerer Formsand, welchen, und zwar besonders dem Ersteren, zur Erhöhung der Bildsamkeit und der Festigkeit Kernbindemittel (Lein- oder Holzöl ohne oder mit Harzzusatz, Sulfitablauge mit Fett- oder Sulfatpech, Stärkeprodukte u. a.) zugesetzt werden. Das Merkblatt der Prüfung von Kernsanden, Kernbindern und Kernen des VDG legt die Prüfung der Ausgangsstoffe der Kernsande und Kernbinder und die technologische Prüfung der Kerne fest.

Bei Verwendung von synthetischem Formsand für Kerne können selbst verwickelte und große Kerne als Grünkerne in die Form eingesetzt werden.

Der Zementsand wird zur Herstellung von großen Kernen herangezogen, die als sogenannte Schalenkerne mit einer Wandstärke von 30···40 mm ausgeführt werden.

Der Phenolharzsand ermöglicht die Erzeugung von präzisen Hohlkernen. In diesem Fall wird das Quarzsand-Phenolharzgemenge in den auf 200···300° erhitzten Kernkasten eingeblasen, eingerüttelt oder eingeschüttet. Es bildet sich sofort ein Hohlkern mit einer Wanddicke von 3···5 mm, der nach dem Entfernen des überschüssigen Formstoffes mit dem Kernkasten bei 300° ausgehärtet wird. Der ausgehärtete Hohlkern ist sofort verwendbar. Er schwindet und wächst nicht, ist glatt und hart, kann ohne Verzugs- und Bruchgefahr dem Kernkasten entnommen werden. Er ist äußerst gasdurchlässig und bis zum Erstarren des Metalles sehr widerstandsfähig. Er benötigt keine Kernnägel und Wachsschnüre und behindert das Schrumpfen des Gußstückes nicht. Der Phenolharzsand weist also gegenüber den anderen Kernsanden eine Reihe von Vorteilen auf.

Die *Schamottemasse* für Formhülle und Kerne ist ein Gemenge von gemahlenem, gebranntem, feuerfestem Ton, dem als Magerungsmittel gemahlener, ausgeglühter Quarz und Koks und zur Erhöhung seiner Feuerfestigkeit Graphit oder Graphittiegelscherben beigemengt werden. Die Mischung wird nur so stark angefeuchtet, daß sie gerade bildsam ist. Die neue Masse dient als Modellmasse, die mit Ton aufgefrischte dient als Füllmasse oder als Magerungsmittel für die neue Masse.

b) *Schlichten.* Zum Glätten der Oberfläche und zur Verbesserung ihrer Feuerbeständigkeit werden Formen und Kerne mit Schlichten überzogen, falls es notwendig ist. Für die Sandformen werden Graphit-Tonschlichten (Schwärzen) oder Schlichten aus gemahlenem Quarz und Dextrin verwendet. Für Masseformen kommt als Schlichte feingemahlene besonders feuerfeste Schamottemasse in Frage. Die Sandformen und Kerne werden einmal, und zwar nach dem Trocknen geschlichtet, sie werden dann noch kurz übertrocknet. Die Schamotteformen und Kerne werden vor und nach dem Brennen geschlichtet, im letzteren Falle noch im heißen Zustande. Das Auftragen der Schlichte erfolgt mit dem Pinsel oder mit Strahlapparaten.

c) *Hilfsmittel.* Zur Verfestigung insbesondere vorspringender Teile der Form dienen Formstifte und Sandhaken, im Kern werden dazu Kerneisen verwendet. Hat der Kern keine Kernmarken, so wird er in der Form mit Hilfe von verzinnten Kernstützen festgelegt. Weist das Gußstück Werkstoffanhäufungen auf, so muß es an diesen Stellen mit Hilfe von in die Form eingelegten Schreckplatten oder Kokillen rascher zum Erstarren gebracht werden. Genügen diese nicht, so wird der Querschnitt dieser Teile durch rost- und zunderfreie Einlagen aus dem Stahl des Gußstückes verengt, die in dasselbe einschweißen.

10. Einformen, Trocknen und Brennen der Form. Die Form wird entweder in Formkästen aus Grau- oder Stahlguß oder gewalztem Formstahl oder in einem Herde, das ist eine Grube im Boden der Formerei, eingeformt. Die geschlossene Herdform wird durch einen Formkasten abgedeckt. Das Einformen geschieht entweder von Hand oder mit Hilfe von Formmaschinen [1].

Die Feuchtigkeit der Form kühlt den Stahl rasch ab, sie setzt dadurch sein Formfüllungsvermögen herab. Dünnwandige besonders verwickelte Formen müssen zur Ermöglichung ihrer Füllung getrocknet werden. Ab einer bestimmten Wandstärke kann die Form naß oder grün vergossen werden. Von einer weiteren Wandstärke an, die von der Sperrigkeit des Gußstückes abhängt, ist das Vergießen der nassen Form nicht mehr möglich, da schon während des Vergießens eine Verdampfung der Feuchtigkeit eintritt, so daß das Gußstück blasig wird. Diese Formen müssen getrocknet werden. Wird zur Herstellung der Form ein mit künstlichen Bindemitteln vermengter magerer Formsand verwendet, dessen Bindemittel die Gasdurchlässigkeit der Form nicht herabsetzt, aber seine Festigkeit erhöht, so können selbst Gußstücke mit verhältnismäßig dicken Wandstärken noch grün vergossen werden. Die Verwendung der mageren Formsande mit künstlichen Bindemitteln ist nur bis zu jenen Wandstärken möglich, bei denen die Zersetzung des Bindemittels erst nach dem Erstarren des Gußstückes eintritt. Das Trocknen der Formen wird bei Temperaturen über 150° durchgeführt. Zementsand- und Formmaskenformen brauchen nicht getrocknet zu werden.

Die Schamotteformen und -kerne müssen bei Temperaturen über 650° gebrannt werden, damit auch das gebundene Wasser des Tones ausgetrieben wird, da es sonst zur Blasenbildung im Gusse Veranlassung gibt.

Die Sandkerne aus tonhaltigem Kernsand werden getrocknet, die Kerne aus Quarzsand und Kernbindemitteln werden gebacken. Phenolharz-Quarzsandkerne sind sofort verwendbar.

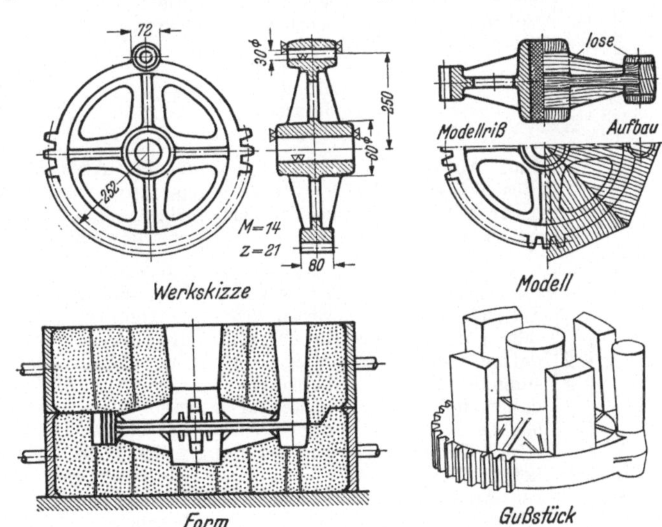

Abb. 5. Kastenguß, Stahlguß, Zahnsegment (DATSCH).

11. Richtlinien für das Fertigstellen der Form. Die Form muß so hergestellt werden, daß das Gußstück maßhältig und frei von Oberflächenfehlern, Lunkern, Blasen und Rissen erhalten wird. Näheres über die Ursachen der Gußfehler und ihre Vermeidung ist dem Hefte 30 und den DATSCH-Tafeln Gf 2 und Gf 3, falsch und richtig, zu entnehmen. Form-

[1] Vgl. die Werkstattbücher Heft 70: Handformerei und Heft 66: Maschinenformerei.

beispiele können hier infolge des beschränkten Raumes nicht gegeben werden. Die Gießerei soll über jedes anzufertigende Gußstück ein Merkblatt anlegen, in welchem die Ausführung des Modelles und der Form sowie die Erfahrungen, welche bei der Herstellung des Gußstückes gemacht werden, festgehalten werden. Abb. 5 ist ein Vorbild für seine Ausführung.

C. Erschmelzen des Stahles.

12. Allgemeines über die Stahlgußschmelzverfahren. Stahl für Stahlguß wird im Tiegel-, in dem sauren oder basischen Siemens-Martin-, dem sauren oder basischen Elektroofen und in dem sauer zugestellten Klein- oder Bessemerkonverter erschmolzen. Tab. 8 gibt die Art, die Vor- und Nachteile dieser Schmelzverfah-

Tabelle 8. *Art, Vor-, Nachteile und Verwendbarkeit der Stahlschmelzverfahren.*

<table>
<tr><th>Art</th><th colspan="2">Verfahren</th><th colspan="2">Vorteile</th><th colspan="2">Nachteile</th><th>verwendbar für</th></tr>
<tr><td>Umschmelzverfahren</td><td colspan="2">Tiegel-</td><td colspan="2">Hohe Stahlgüte (gut desoxydiert, entgast und entschlackt), geringer Abbrand und Ausschuß; bei Koksöfen gute Anpassung an wechselnde Beschäftigung.</td><td colspan="2">Keine P- und S-Ausscheidung, teuer durch Sondereinsatz, Tiegelkosten, hohen Brennstoffaufwand. Begrenztes Einsatzgewicht (0,2···3 t).</td><td>un-, niedrig und hoch legierten, normal und schwer vergießbaren Stahlguß aller, besonders höchster Gütegrade.</td></tr>
<tr><td rowspan="3">Frischverfahren</td><td rowspan="2">Siemens-Martin-</td><td>sauer</td><td rowspan="2">Billiges Schmelzverfahren besonders bei Dauerbetrieb, unbegrenztes Einsatzgewicht (> 1 t).</td><td>Einfache Herstellung von dichtem Guß, geringer Roheisenverbrauch.</td><td rowspan="2">Große Ofenmasse, daher geringe Anpassung an wechselnde Beschäftigung.</td><td>keine P- und S-Ausscheidung, längere Frischdauer.</td><td rowspan="2">un- und niedrig legierten normal vergießbaren Stahlguß.</td></tr>
<tr><td>basisch</td><td>P-Ausscheidung, kürzere Frischdauer.</td><td>geringe S-Ausscheidung.</td></tr>
<tr><td colspan="2">Klein-Konverter</td><td colspan="2">Gute Anpassung an wechselnde Beschäftigung. Heißer Stahl. Sehr hohe spezifische Schmelzleistung.</td><td colspan="2">Großer Abbrand < 15%, keine P- und S-Ausscheidung, beschränktes Einsatzgewicht (1,5···5 t).</td><td>un- und niedrig legierten, schwer und leicht vergießbaren Stahlguß.</td></tr>
<tr><td rowspan="2">Frisch- oder Umschmelzverfahren</td><td rowspan="2">Elektro-</td><td>sauer</td><td rowspan="2">Hohe spezifische Schmelzleistung, sehr gute Desoxydation und Entgasung des Stahles, daher hohe Güte, leichte Regelung seiner Temperatur, heißer Stahl, geringer Ausschuß und Abbrand. Gute Anpassung an wechselnde Beschäftigung, kein oder sehr geringer Roheisenverbrauch.</td><td>Geringerer Stromverbrauch und billigere Erhaltungskosten als der basische Elektroofen.</td><td rowspan="2">Hohe Wärmekosten, bei Hochfrequenzöfen hohe Anlagekosten des elektrischen Teiles. Bei einzelnen Ofenarbeiten beschränktes Einsatzgewicht.</td><td>keine P- und S-Ausscheidung, schwierige Erschmelzung von Stählen unter 0,15 C.</td><td rowspan="2">un-, niedrig und hoch legierten, normal und schwer vergießbaren Stahlguß aller, besonders höchster Gütegrade.</td></tr>
<tr><td>basisch</td><td>Weitgehende S-, bei Durchführung als Frischverfahren auch weitgehende P-Ausscheidung.</td><td></td></tr>
</table>

ren und ihre Verwendungsmöglichkeiten in der Stahlgießerei wieder. Auf die Auswahl des Schmelzverfahrens haben die folgenden Umstände einen Einfluß: Art des zu erzeugenden Gusses — unlegierter Guß von Normal- oder Sondergüte, legierter Guß, schwer oder leicht vergießbarer Guß —, durchschnittliches und größtes Stückgewicht, Preis der Roh- und Brennstoffe und des Stromes, sonstige Betriebskosten, unter welchen die Tilgung und Verzinsung der Anlagekosten der Hauptposten ist.

Der überwiegende Teil der Stahlgußerzeugung entfällt auf leicht vergießbaren, un- und niedriglegierten Stahlguß, der insbesondere in den kohlereichen Staaten am billigsten in dem SM-Ofen herzustellen ist. Mit Ausnahme von Italien, Kanada, Japan und Schweden erschmelzen daher die übrigen Staaten den Stahlguß zu über 80% in dem SM-Ofen und zwar zum größeren Teile in dem basischen. In Deutschland wurden 1935 55,5% des Stahlgusses im basischen, 29,6% im saueren SM-Ofen und 14,8% im Elektroofen hergestellt. In den vier genannten Staaten war im Jahre 1935 der Elektroofen mit 85,7, 70, 64,7 und 51,1% der Hauptschmelzofen. Er dringt auch in den übrigen Staaten ständig vor, da an die Güte des Stahlgusses und an seine Vergießbarkeit immer höhere Anforderungen gestellt werden und der Anteil des hochlegierten Stahlgusses ebenfalls zunimmt. Der Kleinkonverter wird selten, der Tiegelofen kaum mehr verwendet. Sie beide sind durch den Elektroofen verdrängt worden.

13. Roh- und Hilfsstoffe. Als Rohstoffe kommen je nach dem Schmelzverfahren und der Art des zu erzeugenden Stahles in Frage: Roheisen, Gußbruch, eigener und fremder Stahlschrott, Sonderrohstoffe und Ferrolegierungen oder Metalle. Die Zusammensetzung des Einsatzes der einzelnen Schmelzverfahren ist bei der Besprechung derselben wiedergegeben.

Die richtige Beschaffenheit der Roh- und Hilfsstoffe und die entsprechende Durchführung des Schmelzprozesses sind die wichtigsten Voraussetzungen für die Erzeugung einwandfreier Gußstücke. Die Rohstoffe für den Kleinkonverter, den saueren SM-, den saueren Elektro- und den Tiegelofen dürfen nicht mehr P und S, die für den basischen SM-Ofen nicht viel mehr S, die für das basische Elektroumschmelzverfahren nicht viel mehr P als der fertige Stahl enthalten. Sie sollen möglichst frei von Rost und anderen Oxydhäuten sein. Bei den Ferrolegierungen ist außerdem auf Gasfreiheit und möglichste Schlackenfreiheit zu achten, besonders wenn ihr Zusatz groß ist. Auch die Stückgröße der Rohstoffe ist bei einzelnen Schmelzverfahren von Bedeutung.

a) *Roheisen.* Neben den Anforderungen an den P- und S-Gehalt muß das Roheisen für den Kleinkonverter und den saueren SM-Ofen Si-reich und Mn-arm sein. Für den basischen SM-Ofen wird vorteilhaft ein Mn-reiches und Si-armes Roheisen verwendet. Das Tiegelroheisen ist ein Mn- und Si-armes Roheisen. Tab. 9 gibt die Zusammensetzung der wichtigsten Roheisensorten wieder.

Tabelle 9. *Roheisensorten.*

Roheisen		C %	Mn %	Si %	P % <	S % <
graues	Bessemer	3···3,5	0,6···0,8	1,5···2,0	0,07	0,05
	saur. Martin-	3···3,5	0,8···1,0	2,0···3,0	0,06	0,05
weißes	bas. Martin-	4···4,5	2,0···3,0	0,4···0,8	0,3	0,05
	Tiegel- (granul.)	3,3	0,6	0,2	0,06	0,03

b) *Gußbruch* ist unbrauchbar gewordenes, zerkleinertes Gußeisen, das ist Grau-, Schalen- und Walzen-Hart-, selten Vollhartguß. Er ersetzt das graue Stahlroheisen teilweise, er wird auch in geringer Menge im basischen SM-Ofen zugesetzt. Die Anforderungen an den P- und S-Gehalt haben zur Folge, daß nur hochwertiger Maschinen-, Schalen- und Walzen-Hartguß- und Kokillengußbruch in Frage kommt.

c) *Eigener Stahlschrott.* In der Stahlgießerei fallen 30 bis 50% des vergossenen Stahles als eigener Stahlschrott an, und zwar hauptsächlich als verlorene Köpfe und Eingüsse, im geringeren Ausmaße als Stahlspäne und Ausschußstücke. Falls verschiedene Arten der Schmelzöfen in der Stahlgießerei arbeiten, empfiehlt es sich, den unlegierten Schrott der einzelnen Ofenarten getrennt zu halten. Der Schrott des legierten Stahlgusses wird nach den Legierungselementen und deren Gehalten sortiert, damit seine Legierungsbestandteile wieder verwertet werden, und gleichzeitig verhindert wird, daß sie in den unlegierten Stahlguß gelangen, in welchem sie sich beim Gebrauch desselben ungünstig auswirken können.

d) *Fremder Stahlschrott* ist entweder neuer oder alter Schrott. Neuer Schrott ist jener, der bei der Weiterverarbeitung des Stahles in den Werkstätten abfällt. Alter Schrott entsteht durch die Zerkleinerung der unbrauchbar gewordenen Gegenstände aus Stahl. Der unlegierte und legierte fremde Stahlschrott wird nach seiner Beschaffenheit eingeteilt in: schweren Schrott, Raumgewicht über 6000 kg, leichten Schrott — Feinblechabfälle, leichter Gratschrott, Draht und andere Abfälle mit geringem Raumgewicht —, Schmelzeisen-Blechschrott jeglicher Art unter 1,5 m Ausmaß, — alte und neue schaufelbare und sperrige Späne. Der legierte Stahlschrott wird nach seiner Zusammensetzung weiter unterteilt. Der unlegierte Schrott ist hauptsächlich weicher ($C < 0{,}2$), basischer SM.- und Thomasstahl. Einzelne Marken, wie Eisenbahnschienen ($C = 0{,}3 \cdots 0{,}5$), Radreifen ($C = 0{,}4 \cdots 0{,}5$), Eisenbahntragfedern ($C = 0{,}65 \cdots 0{,}85$), Volutfedern ($C = 0{,}85$) und Werkzeugstahlschrott ($C = 0{,}5 \cdots 1{,}5$) sowie Teile des Grobblech- und Maschinenschrottes sind härter. Preßmutterschrott enthält bis 0,5 P, Schrott von Automatenstählen hat bis 0,12 P und 0,12 S. Für die Zusammensetzung des unlegierten Schrottes in bezug auf C, P und S kann nur dann eine Gewähr übernommen werden, wenn seine Herkunft bekannt ist, er muß dann auch etwas teurer bezahlt werden. Im deutschen Schrotthandel ist eine Sortierung des Schrottes nach den P- und S-Gehalten noch nicht eingeführt.

Der Schrott für den Tiegelofen muß tiegelgerecht, der für den Kleinkonverter kupolfertig zerkleinert sein. In dem SM.-Ofen können alle Marken des fremden Schrottes verarbeitet werden. Das Verhältnis der einzelnen Marken wird durch ihren Preis und ihren Einfluß auf die Schmelzdauer bestimmt. Größere Anteile an leichtem Schrott und sperrigen Spänen verringern infolge des stärkeren Abbrandes das Ausbringen, sie verlängern auch die Schmelzdauer und bedingen einen etwas höheren Roheisensatz. Dadurch kann der Vorteil ihres niedrigeren Preises ausgeglichen werden. Im Elektroofen wird kein Schmelzeisen eingesetzt. Infolge seines kleineren Herdraumes kommen für ihn in erster Linie schwerer Schrott und schaufelbare Späne in Betracht.

e) *Sonderrohstoffe* werden im Tiegelofen und mitunter im basischen und saueren SM.-Ofen verwendet. Sie kommen in den letzteren nur bei der Herstellung von hochwertigem legiertem Stahlguß in Betracht. Tab. 10 gibt einen Überblick über sie.

f) *Ferrolegierungen und Reinmetalle* sind zum Fertigmachen der Schmelze und zum Legieren des Stahles notwendig.

Zum Fertigmachen oder Desoxydieren der Schmelze kommen Mn, Si und Al in Frage. Das Mangan wird in Form von Spiegeleisen ($C > 4$, $Mn < 20$) oder als

Tabelle 10. *Sonderrohstoffe.*

Sorte		C %	Mn %	Si %	P %	S %
Puddel-Rohschienen	weich	<0,15	Sp.	Sp.	0,03	0,01
	hart	0,8	0,18	0,09	0,2	0,01
Basischer SM.-Flachstahl	weich	≤0,2	0,6	0,04	<0,04	0,04
	hart	0,8	0,3	0,2		
Schwedische Hufnagelabfälle		0,05	0,25	0,03	0,03	0,03

Hochofenferromangan (C < 8, Mn > 75), das Silizium als Hochofenferrosilizium (Si ≈ 12), oder als 45% Ferrosilizium, das Aluminium als Hüttenaluminium (Al ≈ 99) oder als Umschmelzaluminium (Al ≈ 96) verwendet. Vielfach werden auch zusammengesetzte Ferrolegierungen wie Ferromangansiliziumaluminium (Mn ≈ 70, Si ≈ 20, Al ≈ 10), Ferromangansilizium (Mn ≈ 70, Si ≈ 20) und Ferrosiliziumaluminium (Si ≈ 20, Al ≈ 10) und andere dazu herangezogen. Sie sind wirksamer und ergeben dünnflüssigere Desoxydationsschlacken, die sich aus der Schmelze leichter ausscheiden.

Als Legierungszusätze kommen für die einzelnen Elemente die folgenden Werkstoffe in Frage:

Mn: Hochofen-(C < 8, Mn > 75), Elektroofenferromangan (C < 3, Mn ≈ 80), Feromangan affiné (C < 1, Mn ∼ 80), Mn-Metall (Mn ≈ 95).

Si: 45, 75 oder 90% Ferrosilizium.

Al: Hüttenaluminium (Al 99).

Cr: Ferrochrom hochgekohlt (C > 4, Cr ≈ 65), — affiné II (C < 2, Cr ≈ 65), — affiné I (C < 1 bis 0,1, Cr ≈ 65), Cr-Metall (Cr 99).

Ni: Würfel-(Ni = 98,5), Kathodennickel (99,5), Ferronickel (Ni ≈ 50).

W: aluminothermisches — (C < 0,05, W ≈ 80), elektrothermisches Ferro-Wolfram (C < 1,7, W ≈ 80), Wolframpulver (W = 98), gesintertes Wolframmetall (W = 98,5).

Mo: silikothermisches — (C < 0,2, Mo ≈ 75), elektrothermisches Ferromolybdän (C < 1,0, Mo ≈ 75); Molybdänpulver (C < 0,5, Mo ≈ 96), gesintertes Mo-Metall (Mo 85, C < 0,05).

V: aluminothermisches — (C < 0,1, V ≈ 50 oder ≈ 80), elektrothermisches Ferrovanadium (C < 0,5, V ≈ 45).

Die teueren niedrig gekohlten Legierungen und Metalle werden nur bei hochlegierten weichen Stählen herangezogen. Der P- und S-Gehalt der Desoxydationsmittel und der Legierungszusätze muß so niedrig sein, daß der P- und S-Gehalt des Stahles nicht gefährdet wird, sie müssen außerdem möglichst gas- und schlackenfrei sein, insbesondere wenn der Stahl hoch legiert ist.

g) *Hilfsstoffe.* Bei den Siemens-Martin- und Elektrostahlverfahren müssen neben den metallischen Einsätzen auch bestimmte Schlackenbildner zugefügt werden. Für die basischen Verfahren kommt hierfür Kalkstein oder gebrannter Kalk, für die sauren Verfahren Kalkstein und Quarzsand in Betracht. Der Kalk soll möglichst rein sein. Zur Erhöhung der Frischwirkung wird der Schlacke, wenn es notwendig ist, P- und S-reines Eisenerz (Magneteisenstein, Fe_3O_4 oder Roteisenstein, Fe_2O_3), Hammerschlag oder Walzsinter zugesetzt. Zur Steigerung der Dünnflüssigkeit der Schlacke wird im basischen SM.- und Elektroofen Flußspat verwendet.

14. Tiegelstahlverfahren. Das Tiegelstahlverfahren liefert einen gut desoxydierten, entgasten und weitgehend entschlackten, also hochwertigen Stahl. Es ist infolge des kostspieligen Einsatzes, der hohen Tiegel-, Lohn- und Brennstoffkosten teuer, so daß es heute kaum mehr zur Stahlgußerzeugung verwendet und durch das wesentlich billiger arbeitende und für die Stahlgüte günstige Elektrostahlverfahren ersetzt wird. Ein näheres Eingehen auf dieses Verfahren erübrigt sich daher.

15. Siemens-Martin-Verfahren. Das sauere und das basische SM-Verfahren sind Herdfrischverfahren, da das Frischen oder oxydierende Schmelzen in einem Herdflammofen durchgeführt wird. Bei dem saueren Verfahren wird mit Hilfe einer saueren eisenoxydhaltigen Schlacke gefrischt; sie verhindert, daß der P und S ausgeschieden werden kann. Bei den basischen Verfahren wird mit einer hochbasischen eisenoxydhaltigen Kalkschlacke gearbeitet. Sie ermöglicht die P-Ausscheidung und eine geringe Entschwefelung. Die saure Schlacke ist infolge der stärkeren Bindung der Eisenoxyde in der Schlacke nicht so reaktionsfähig wie die basische, die die Oxyde größtenteils frei enthält. Der sauere Ofen frischt daher langsamer, so daß seine Gesamtschmelzdauer etwas länger ist, als die des basischen Ofens. Das langsamer vor sich gehende Frischen hat dafür den Vorteil, daß weniger Roheisen gebraucht wird, daß nicht so leicht überfrischt und damit die Gefahr des Ausschusses leichter gebannt werden kann. Diese Umstände, sowie seine billigeren Zustellungs- und Erhaltungskosten haben zur Folge, daß der saure Ofen trotz seiner geringeren spezifischen Schmelzleistung und der engeren Schrottauswahl in den Stahlgießereien nahezu im gleichen Umfange wie der basische verwendet wird.

a) *Der Siemens-Martin-Ofen* ist ein mit Siemensscher Regenerativ- oder seit neuester Zeit auch ein mit Rekuperativfeuerung ausgestatteter Herdflammofen. In den selbständigen Stahlgießereien wird er mit Stein- oder Braunkohlen-Gaserzeugergas betrieben. Falls Ferngas (Koksofengas) zur Verfügung steht, wird dieses vorteilhaft verwendet, es muß karburiert werden, damit es mit leuchtender Flamme brennt. Ist die Stahlgießerei an ein Hochofenwerk mit Kokerei angeschlossen, so wird der Ofen zweckmäßig mit Mischgas aus Koksofen- und Gichtgas betrieben. Stehen Teer- oder Rohöle preiswert zur Verfügung, so wird er auch mit diesen geheizt.

Abb. 6 gibt die Ausführung des RegenerativSM.-Ofens bildhaft wieder. Bei Koksofengas-, Teer- oder Rohölfeuerung entfallen die Gaskammern.

Bei dem basischen Ofen ist der Herdraum mit Magnesitsteinen zugestellt, bei dem sauren Ofen mit Silika (SiO_2)-Steinen. Er steht in der Regel fest. Beim Arbeiten mit Schlackenwechsel ist es vorteilhaft, den Herd kippbar auszuführen.

Für die Brenner bestehen eine Reihe von Bauarten. Sie verfolgen den Zweck, die Erneuerung der Brenner zu erleichtern und ihren einwandfreien Zustand möglichst lange zu erhalten, der die gute Flammenführung und den richtigen Verlauf der Verbrennung und damit hohe Flammentemperaturen gewährleistet.

Den Kammern oder Regeneratoren (speichernde Vorwärmer) sind in der Regel Schlackenkammern für die mitgerissene Schlacke vorgeschaltet. Die Regeneratoren speichern beim Durchgang der heißen Verbrennungsgase einen Teil ihrer freien Wärme auf und geben sie nach dem Umschalten an das Heizgas und die Verbrennungsluft wieder ab. Diese können dadurch bis auf 1200° vorgewärmt werden, so daß bei ihrer Verbrennung die für das Schmelzen des Stahles notwendige Temperatur erzeugt wird. Als Umsteuerungsorgane dienen das Forter- oder das Glockenventil.

Die Verbrennungsluft wird zweckmäßig durch Ventilatoren gefördert, es genügt auch der Auftrieb in den Luftkammern dazu, doch ist im ersten Fall eine leichtere Regelung möglich. Das Gas steht unter Überdruck.

Ist der Herdofen ein Rekuperativofen, so sind an Stelle der vier Kammern ein Gas- und ein Luftrekuperator (dauernder Vorwärmer) vorhanden. In ihnen strömt das Gas oder die Luft in Kanälen den heißen Abgasen entgegen und entzieht denselben einen Teil ihrer freien Wärme. Sie sind aus feuerbeständigem Stahl angefertigt. Bei dem Rekuperativofen ist die Anheizzeit kürzer und die Flammenrichtung dauernd gleich und damit die Flammentemperatur gleichmäßiger. Es werden bei ihm die Gasverluste und die Unannehmlichkeiten erspart, die bei dem Regenerativofen durch Bildung explosiver Gas-Luft-Gemische beim Umsteuern auftreten können. Gas und Luft müssen durch die Rekuperatoren gedrückt werden.

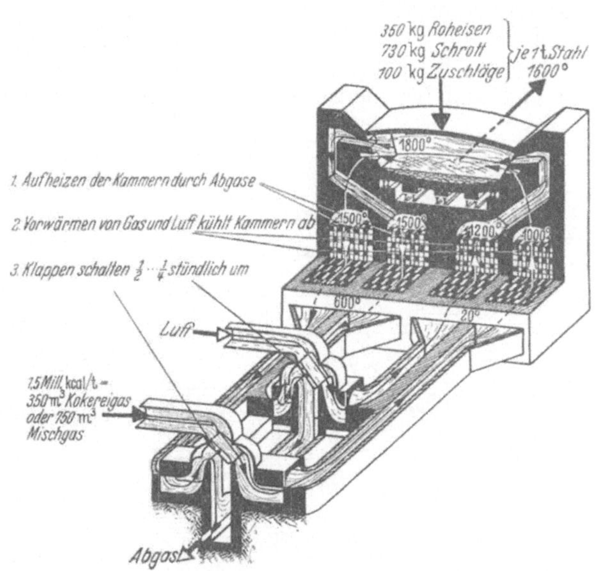

Abb. 6. Siemens-Martin-Ofen mit Regenerator.

Der Betrieb des SM.-Ofens wird wärmetechnisch überwacht. Es wird der Luft- und Gasverbrauch gemessen, beide werden aufeinander so eingestellt, daß eine vollkommene Verbrennung mit geringstem Luftüberschuß gewährleistet wird. Die Temperatur der Kammer oder der Rekuperatoren und der Essengase wird ebenso wie die Umsteuerung und die Zusammensetzung der Verbrennungsgase überwacht.

Das Einsatzgewicht beträgt mindestens 1 t. Nach oben sind ihm, soweit es die in der Stahlgießerei in Frage kommenden Einsatzgewichte betrifft, keine Grenzen gesetzt.

b) *Einsatz für die SM.-Öfen.* In der selbständigen Stahlgießerei können beide Verfahren nur als Schrott-Roheisen-Verfahren durchgeführt werden.

Der Siemens-Martin-Ofen hat in diesem Falle die Aufgabe, den Einsatz einzuschmelzen, die Schmelze zu überhitzen und den Überschuß einzelner Elemente zu entfernen. Die Überhitzung der Schmelze wird durch ein den Wärmeübergang begünstigendes Kochen des Bades beschleunigt, das durch die Verbrennung seines Kohlenstoffes erzielt wird. Es trägt auch zur Entgasung der Schmelze bei. Der Einsatz muß daher im Kohlenstoff so hoch gehalten werden, daß die Schmelze nach Erzielung der gewünschten Überhitzung noch den vorgeschriebenen Kohlenstoffgehalt aufweist. Der Roheisensatz liegt bei dem langsamer frischenden sauren Ofen in den Grenzen von 10 ··· 20%, bei dem basischen von 20 ··· 30%. Er hängt ab von der Höhe des Kohlenstoffes des zu erzeugenden Stahles und der Beschaffenheit des Schrottes. Dünnwandiger, sperriger sowie stark verrosteter Schrott erhöhen seinen Hundertsatz. Im sauren Ofen wird zweckmäßig ein Si-reiches und ein Mn-armes Roheisen, im basischen ein Mn-reiches, Si-armes verwendet. Ein Teil des Roheisens kann in beiden Öfen durch Gußbruch ersetzt werden. Der übrige Einsatz besteht in erster Linie aus dem eigenen Gießereischrott, dann aus fremdem, altem und neuem Stahlschrott aller Art. Die Anforderungen in bezug auf P und S sind schon in dem Abschnitt Rohstoffe besprochen worden. Bei der Erzeugung von niedrig legiertem Stahlguß wird der gleiche Einsatz wie bei dem unlegierten verwendet, es wird nur der Anteil an leichtem Schrott geringer sein, außerdem muß auf größere Rostfreiheit geachtet werden. Es wird in diesem Falle auch legierter Stahlschrott derselben Legierungsgruppe eingesetzt.

Als Schlackenbildner wird in den sauern Ofen etwas Quarzsand, in den basischen reiner Kalkstein mit dem metallischen Einsatz eingetragen.

c) *Verlauf der sauren Schmelze.* Abb. 7 gibt die im Verlaufe einer sauren unlegierten Stahlschmelze im Metallbade und in der zugehörigen Schlacke vor sich gehenden Veränderungen wieder. Während des Einschmelzens wird durch die oxydierende Wirkung des Rostes und des Zunders des Einsatzes, des CO_2, des H_2O-Dampfes und des überschüssigen O_2 der Verbrennungsgase das leicht verbrennliche Si nahezu vollständig zu SiO_2, das leichtverbrennliche Mn zum größten Teil zu MnO verbrannt. Der bei niedrigen Temperaturen schwer verbrennliche C wird durch sie nur zum geringen Teile zu CO verbrannt. Sie oxydieren weiter einen Teil des Eisens zu FeO. Die Verbrennungsprodukte MnO, FeO und SiO_2 bilden mit dem SiO_2 der Zustellung und dem als Schlackenbildner zugesetzten Quarzsand eine Mn-Fe-Silikatschlacke, die das Metallbad abdeckt. Ein Teil des FeO ist in der Schmelze in Lösung gegangen. Es tritt ebenso wie das FeO der Schlacke mit dem C und dem im Bade noch vorhandenen Mn in Reaktion. Das gelöste FeO bewirkt, daß die weitere Ausscheidung dieser beiden Elemente nicht nur an der Berührungsfläche zwischen Metallbad und Schlacke, sondern auch in allen seinen Teilen vor sich geht. Das durch die Einwirkung des C auf das FeO entstehende CO bringt das Bad zum Aufwallen. Dadurch werden Teile des Metallbades und der Schlacke hochgerissen und nicht nur untereinander, sondern auch mit den oxydierenden Verbrennungsgasen in innige Berührung gebracht. An der Oberfläche der Schlacke wird dauernd ein Teil des FeO der Schlacke durch die Verbrennungsgase in höhere Oxyde verwandelt, die ihren Sauerstoff an das Metallbad, besonders an dessen hochgerissene Teile abgeben. Das Bad nimmt dadurch neuerdings FeO auf, das wieder durch den C und falls auch noch Mn vorhanden ist, auch durch dieses reduziert wird. Dieses Kräftespiel zwischen der reduzierenden Wirkung des C des Bades und der oxydierenden Wirkung der Verbrennungsgase und der Schlacke wiederholt sich immer wieder, es bewirkt die notwendige Entkohlung und die beschleunigtere Überhitzung der Schmelze. Sein Verlauf hängt ab von dem Fe-O- und SiO_2-Gehalt der Schlacke, dem C-Gehalt der Schmelze und ihrer Temperatur. Es muß so geführt werden, daß der Endgehalt der Schmelze an gelöstem FeO möglichst niedrig ist, da dieses die Güte des Stahls verschlechtert. Dieses Ziel wird erreicht, wenn die Endschlacke nicht mehr Eisen als 20% in FeO ausgedrückt enthält und ihr SiO_2-Gehalt mindestens 55% beträgt. Genügt der anfängliche Gehalt der Schlacke an wirksamem FeO nicht, um die Entkohlung zu Ende zu führen, was an der Stärke des Kochens des Bades erkannt wird, so müssen der Schlacke P-arme Eisenerze, Wal-

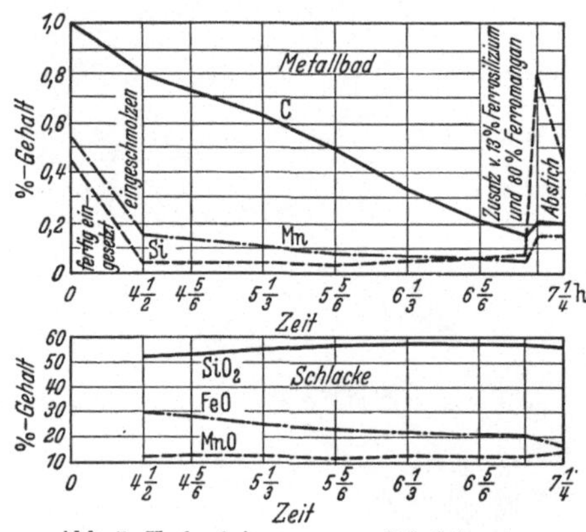

Abb. 7. Verlauf einer saueren SM.-Schmelze.

zensinter oder Hammerschlag zugegeben werden. Ein Kalksteinzusatz erhöht, da er das FeO frei macht, auch den Gehalt der Schlacke an wirksamem FeO, er läßt den Fe-Gehalt der Schlacke unverändert. Er kommt zur Anwendung, wenn das Kochen nur wenig beschleunigt zu werden braucht.

Hat die Schlacke eine solche Zusammensetzung erreicht, daß sie nicht mehr als 25% FeO und mindestens 55% SiO_2 enthält, so wird aus der Zustellung und der Schlacke und dem Quarzboden Si reduziert. Dieser Vorgang wird durch eine hohe Temperatur der Schmelze begünstigt. Das im Entstehungszustande in das Bad eintretende Si wirkt desoxydierend und erhöht die Güte des Stahles.

Der P-Gehalt des Einsatzes bleibt unverändert, beim S ist dies bei einwandfreier Verbrennung des Heizgases auch der Fall. Ist jedoch seine Verbrennung derart, daß unvollkommen verbranntes, organische Schwefelverbindungen enthaltendes Gas mit dem Einsatz und der Schmelze in Berührung kommt, so steigt der Schwefel an. Einwandfreie Bauart der Brenner, ihre gute Beschaffenheit sowie hochwertiges und genügendes Gas und weitgehende Vorwärmung (guter Zustand der genügend großen Kammern) von Gas und Luft sind neben der richtigen Schlakkenführung die Voraussetzungen für eine hohe Güte des erschmolzenen Stahles.

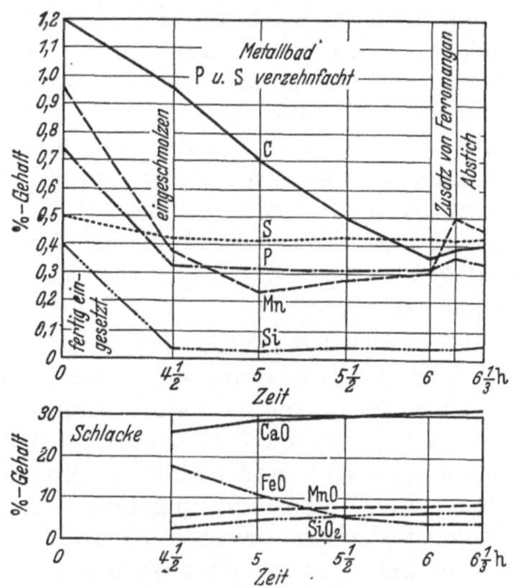

Abb. 8. Verlauf einer basischen SM.-Schmelze.

Der Kohlenstoffgehalt der Schmelze und ihre Temperatur sowie die Beschaffenheit der Schlacke wird durch laufend entnommene Stahl- und Schlakkenproben überprüft. Die Temperatur wird aus dem Verhalten und Aussehen der Stahlproben beurteilt. Der Kohlenstoffgehalt wird aus dem Bruchaussehen erkannt, und zwar bei höheren Gehalten, der ungehärteten Guß- oder ausgeschmiedeten Proben, bei den niedrigeren Gehalten, der gehärteten Guß- oder ausgeschmiedeten Proben. Bei den Endproben wird er auch durch Schnellanalyse ermittelt. Ist der gewünschte Kohlenstoff erreicht, so soll auch die Schmelze genügend heiß sein. Ist beides der Fall, so wird der Stahl durch Mn- und Si-Zusatz vollkommen desoxydiert und entgast. Das Mangan wird als 80proz. Ferromangan in den Ofen gegeben. War die Schmelze etwas zu weich geworden, so wird es in Form von Spiegeleisen zugegeben, das den Kohlenstoffgehalt der Schmelze stärker als das Ferromangan erhöht, da mehr verwendet werden muß. Das Si wird als 50proz. Ferrosilizium, und zwar teilweise in die Abstrichrinne eingetragen. Ist die Härte des Stahles weitaus zu niedrig ausgefallen, so wird der Stahl in der Pfanne mit Holzkohle oder anderen S-reinen Kohlungsmitteln aufgekohlt.

d) *Verlauf einer basischen Schmelze.* Abb. 8 gibt den Verlauf einer basischen unlegierten Schmelze wieder. Ihr Verlauf ist grundsätzlich derselbe wie der der saueren. Durch die oxydierende Wirkung des Rostes und des Zunders sowie der Verbrennungsgase wird während des Einschmelzens das Si vollständig, das Mn und der P zum größten Teile ausgeschieden. Gleichzeitig verbrennt ein Teil des C und des Fe. Die entstandenen Oxyde: FeO, MnO, SiO_2, P_2O_5 bilden mit dem CaO des eingesetzten Kalksteins und dem Rest des Zunders und Rostes eine Schlacke. Ein Teil des FeO löst sich auch hier im Bade auf. Im weiteren Verlaufe der Schmelze geht das Kräftespiel zwischen reduzierender Wirkung des Kohlenstoffes des Bades und oxydierender Wirkung der Schlacke und der Verbrennungsgase wie im sauren Martinofen vor sich, das auch hier zur notwendigen Entkohlung und Überhitzung der Schmelze führt. Auch im basischen Ofen muß die Schmelze so geführt werden, daß keine wesentliche Erhöhung des FeO-Gehaltes des Bades eintritt. Dies wird erreicht, wenn der Fe-Gehalt der Schlacke, in FeO ausgedrückt, 15% nicht übersteigt. Genügt der Gehalt der Anfangsschlacke an Eisenoxyden nicht, um die Entkohlung zu Ende zu führen, was an der Stärke des Kochens nach dem Einschmelzen erkannt wird, so muß reines Eisenerz, Walzensinter oder Hammerschlag nachgesetzt werden. Ist der MnO-Gehalt der Schlacke mindestens gleich ihrem FeO-Gehalte, so wird aus der Schlacke Mangan reduziert, es desoxydiert den Stahl schon im Verlaufe der Schmelze teilweise und verbessert seine Güte. Genügt der Mn-Gehalt des Einsatzes nicht, um in der Schlacke den genügenden Mn-OGehalt einzustellen, so setzt man Manganerz nach.

Die Phosphorabscheidung gelingt nur dann befriedigend, wenn die Schlacke genügend basisch ist, ihr SiO_2-Gehalt darf 25% nicht übersteigen. Bei höherem SiO_2 wird das beim Einschmelzen entstandene P_2O_5 im Verlaufe der Schmelze wieder teilweise reduziert. Damit zur Erzielung dieser Basizität nicht zu viel Kalkstein eingesetzt werden muß, darf das Roheisen und auch der Schrott nicht Si-reich sein. Der Siliziumgehalt des gesamten Einsatzes soll 0,6% nicht übersteigen. Hat der erste Kalksteinsatz nicht genügt, so wird gebrannter Kalk nachgesetzt. Eine hochbasische Schlacke ermöglicht bei einwandfreier Verbrennung des Heizgases eine geringe Entschwefelung. Ein Zusatz von Flußspat erhöht sie. Die Schlacke muß gut flüssig sein, bei hochbasischen Schlacken muß zu diesem Zwecke Flußspat eingesetzt werden.

Der Verlauf der Schmelze, ihre Temperatur, die von dem Zustand des Ofens, der Güte des Gases und seiner Verbrennung abhängt, und die Beschaffenheit der Schlacke wird durch laufend genommene Stahl- und Schlackenproben überwacht. Die Feststellung der C-Härte erfolgt wie beim sauren Ofen. Die Schlacke muß gut flüssig sein, nach dem Erkalten muß sie einen dichten Bruch aufweisen, die Oberfläche ihrer Probe muß eingefallen und matt glänzend sein. Ist der gewünschte Kohlenstoffgehalt erreicht, so wird das zur Desoxydation noch notwendige Mangan als Ferromangan oder bei etwas zu weitgehender Entkohlung als Spiegeleisen zugesetzt. Nach seiner kurzen Einwirkung wird abgestochen. Das zur Entgasung notwendige Si wird als 50proz. Ferrosilizium in die Abstichrinne oder in die Pfanne eingesetzt. Es kann nicht in den Ofen gegeben werden, da es in der basischen Schlacke stark verbrennt und den Phosphor reduziert. Ist der Stahl weich eingelaufen, so wird er in der Pfanne aufgekohlt.

e) *Herstellung von niedrig legiertem Stahlguß.* Der Verlauf der niedrig legierten Stahlschmelzen ist der gleiche wie der der unlegierten. Sind in dem Einsatz gleichartig legierte Stahlabfälle eingesetzt worden, so ist bei Ni mit keinem Abbrand zu rechnen. Cr, W, Mo brennen nahezu vollständig aus. Die notwendigen Legierungszusätze werden, wenn es ihr Verhalten zuläßt, nach der Desoxydation des Stahles in den Ofen eingesetzt. Mn wird als 80proz. Ferromangan, Cr als hochgekohltes Ferrochrom, Mo als Ferromolybdän in den Ofen, Si wird als 90proz. Ferrosilizium in die Abstichrinne eingetragen. Bei diesen Zusätzen tritt ein bestimmter Abbrand ein, um welchen der Zusatz größer gehalten werden muß.

In beiden Öfen kann auch 12proz. Manganstahl hergestellt werden. In diesem Fall muß das notwendige Ferromangan in einem Tiegelofen geschmolzen und dem SM.-Stahl beim Abstich in der Rinne zugesetzt werden.

f) *Betriebsangaben.* Die Dauer der Schmelze und die Leistungsfähigkeit der Öfen ist je nach der Ofengröße, dem Einsatz und der Güte des Gases und seiner Verbrennung verschieden. Sie schwankt bei den in der Stahlgießerei hauptsächlichst verwendeten Ofengrößen (2 ⋯ 25 t) innerhalb der Grenzen von 1,3 ⋯ 5,0 t Stahl je Arbeitsstunde. Der Wärmeaufwand liegt in den Grenzen von 3,5 bis $1{,}5 \cdot 10^6$ kcal. Die Haltbarkeit der einzelnen Ofenteile beträgt bei Dauerbetrieb: Herd 300 ⋯ 600, Gewölbe 400 ⋯ 600, Brenner 200 ⋯ 300, Unterbau 1000 bis 2000 Schmelzen. Das Ausbringen an flüssigem Stahl beträgt 91 ⋯ 96%, es hängt ab von der Beschaffenheit des Schrottes, dem Roheiseneinsatz und der Beschaffenheit der Verbrennungsgase.

Bei Dauerbetrieb kann an den SM.-Ofen ein Abhitzekessel zur Dampferzeugung angeschlossen werden, der je Tonne Stahl 500 kg Dampf liefert. Er erhöht den wärmewirtschaftlichen Wirkungsgrad von 25 auf 40%.

16. Kleinkonverter- (Kleinbessemer-) Verfahren. Das Kleinkonverterverfahren unterscheidet sich von dem gewöhnlichen Verfahren durch die Größe des Konverters und die seitliche Luftzuführung. Es ist wie das gewöhnliche Bessemerverfahren ein saures Windfrischverfahren, auch bei ihm muß die Wärmemenge, die zur Temperatursteigerung und damit zur Flüssigerhaltung des Bades notwendig ist, durch die Verbrennung der Bestandteile des zu verblasenden Roheisens geliefert werden. Der Hauptwärmeträger ist das Silizium, dessen Gehalt im Einsatz mindestens 1,5% betragen soll. Der erblasene Stahl ist sehr heiß, so daß er für den schwer vergießbaren Stahlguß besonders geeignet ist.

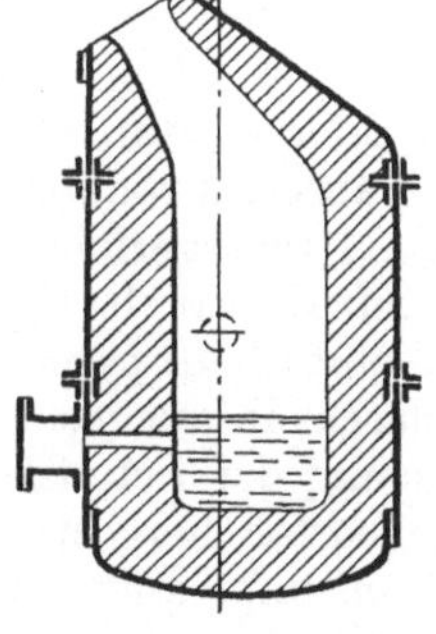
Abb. 9. Kleinkonverter. (Nach ROBERT-LEYOZ.)

a) *Einsatz.* Das in dem Kleinkonverter zu verblasende Roheisen wird aus Hämatit-Roheisen, gießereischachtofenfertigem eigenem Stahlguß- und fremdem Stahlschrott erschmolzen. Der Si-Gehalt des Einsatzes wird mit Ferrosiliziumbriketts im Gießereischachtofen geregelt. Der Einsatz soll nicht zu manganreich sein, da das bei seiner Verbrennung entstehende MnO die Zustellung des Konverters angreift. Der flüssige Einsatz im Konverter soll die folgende Zusammensetzung aufweisen: C = 3 ⋯ 3,5%, Mn = 0,6 ⋯ 1,0%, Si = 1,5 ⋯ 2,0%, P und S $<$ 0,06%.

Im Gießereischachtofensatz müssen die in diesem Ofen eintretenden Veränderungen berücksichtigt werden, sie bestehen in einem C- und S-Zubrand und einem Mn- und Si-Abbrand. Der Schwefel kann aus dem Gießereischachtofeneisen mit Hilfe der WALTERschen Entschwefelungsbriketts (im wesentlichen Soda) zum größten Teil entfernt werden.

b) *Gießereischachtofen.* Zum Einschmelzen der Rohstoffe wird der Gießereischachtofen verwendet, er unterscheidet sich nicht von dem in der Graugießerei verwendeten Schachtofen. Er muß eine solche Leistung besitzen, daß er während einer Konverterschmelze die Rohstoffe der nächsten niederschmilzt. Bezüglich seines Aufbaues wird auf Heft Nr. 19 verwiesen.

c) *Kleinkonverter.* Abb. 9 gibt den Kleinkonverter bildhaft wieder. Das aus Stahlblech hergestellte birnenförmige Gefäß ist um zwei Zapfen drehbar. Durch einen derselben wird der Wind dem am Konverter seitlich angeordneten Windkasten zugeführt. Aus dem Windkasten tritt er durch die im Mauerwerk eingesetzten Düsen in das Innere des Konverters ein. Je nach der Neigung desselben wird er auf oder durch das Bad geblasen. Die feuerfeste Auskleidung des Konverters ist entweder aus Silikakeilsteinen oder aus Quarzsandstampfmasse hergestellt, sie hat eine Stärke von 300···400 mm. Zweckmäßig ist es, den Boden herausnehmbar zu gestalten.

d) *Schmelzverlauf.* Der neu zugeteilte Konverter wird durch ein Holzfeuer getrocknet und dann mit Koks auf Weißglut erhitzt. Nach Entfernung der Koksreste wird er in die waagerechte Lage gebracht und entweder unmittelbar oder unter Einschaltung einer Pfanne mit dem Roheisen angefüllt, das im Kupolofen mit schwefelarmem Koks möglichst heiß erschmolzen wurde. Unter gleichzeitigem Einsatz des Blasens wird der Konverter dann so weit aufgerichtet, daß der Wind auf das Bad bläst. Sein Sauerstoff verbrennt die Eisenbegleiter einerseits unmittel- andererseits mittelbar dadurch, daß er einen Teil des Eisens zu FeO verbrennt, das teilweise in Lösung geht und als Sauerstoffüberträger wirkt. In den ersten 4···6 Minuten verbrennt ein Teil des Si und des Mn, in dieser Zeit entweicht nur eine kurze dunkle Flamme. Sobald die Schmelze durch die Verbrennung des Si genügend heiß geworden ist, setzt die lebhafte Verbrennung des C ein. Die Flamme wird dadurch immer stärker weißglühend und länger. Mit dem Beginne der C-Verbrennung wird der Konverter weiter aufgerichtet, so daß der Wind nun 3···5 cm unter der Badoberfläche eintritt. Infolge der lebhaften Bewegung der Schmelze geht der Frischvorgang so rasch vor sich, daß es nicht möglich ist, ihn bei einem bestimmten C-Gehalt zu unterbrechen. Die Schmelze wird daher in allen Fällen vollständig entkohlt. Mit der beendeten Entkohlung bricht die zum Schluß immer kürzer werdende Flamme unter einem brausenden Geräusch zusammen. Damit ist der Frischprozeß zu Ende. Er wird auch spektralanalytisch verfolgt. Bei genügend heißen Schmelzen entweicht ständig ein rotbrauner Rauch. Matte Schmelzen können durch einen Zusatz von 15% Ferrosilizium heiß gemacht werden. Der Konverter wird sodann unter Einstellen des Blasens in die waagerechte Lage gebracht. Es folgt nun die Desoxydation und Entgasung der Schmelze mit Ferromangan und Ferrosilizium. Sollen härtere Stahlgußsorten hergestellt werden, so wird sie gleichzeitig mit Koks oder mit Kupoleisen aufgekohlt. Vor dem Abguß wird sie gut durchgerührt.

Mit dem Kleinkonverter kann auch sehr niedrig legierter Stahlguß ohne Vorschmelzen der Legierungszusätze erzeugt werden. Die Zusätze werden nach der Desoxydation in den Konverter eingetragen. Soll 12proz. Manganstahl erzeugt werden, so muß das Ferromangan im Tiegel eingeschmolzen und in der Gußpfanne zugegeben werden.

Das Fassungsvermögen des Kleinkonverters beträgt in den meisten Fällen 2 t, es schwankt zwischen 0,5···5 t. Der Wind, von dem je t Stahl 800 m³ gebraucht werden, wird mit Kapsel- oder Turbogebläsen eingeblasen, er muß einen Überdruck von 0,3···0,4 at haben. Die Konverterauskleidung hält 20···100 Schmelzen.

17. Elektroverfahren. Das Elektroschmelzen wird im basischen oder sauer zugestellten Elektroofen durchgeführt und zwar im basischen Ofen in der Regel als Frisch-, im saueren in der Regel als Umschmelzverfahren. Als Einsatz wird nahezu ausschließlich Schrott verwendet, nur in wenigen Fällen wird mit einem geringen Roheisenzusatz gearbeitet. Neben dem eigenen Stahlgußschrott werden alter und neuer, hauptsächlich schwerer Schrott und schaufelbare Späne verarbeitet. Das basische Verfahren kann dann als Umschmelzverfahren durchgeführt werden, wenn der C-, Mn- und P-Gehalt des Einsatzes nahezu gleich oder kleiner als der des fertigen Stahles ist. Beim saueren Verfahren muß dies bezüglich des C-, P- und S-Gehaltes der Fall sein. Beide Arten des Verfahrens sind im saueren Ofen rascher durchführbar, so daß er, falls P- und S-armer Einsatz preiswert zur Verfügung steht, billiger als der basische arbeitet, seine niedrigeren Zustellungs-

und Erhaltungskosten wirken sich dabei ebenfalls günstig aus. Sein Nachteil liegt in der geringeren Freiheit in der Auswahl des Einsatzes.

a) *Vorteile des Elektroofens.* Die Elektrowärme ist eine sehr reine Wärmequelle. Der Wechsel der oxydierenden Ofenatmosphäre ist besonders bei dichtem Ofenabschluß sehr gering. Die genaue Regelung der Ofentemperatur, die höher als in den anderen Stahlschmelzöfen eingestellt werden kann, sowie die leichte genaue Einhaltung der übrigen Arbeitsbedingungen ermöglichen eine weitgehende Desoxydation der Schmelze und damit eine hohe Güte und hohe Temperatur des Stahles. Der Elektroofen hat einen hohen wärmewirtschaftlichen Wirkungsgrad. Er arbeitet ohne oder nahezu ohne Roheisen, sein metallisches Ausbringen ist infolge des geringen Abbrandes und Ausschusses hoch, seine Einsatzkosten sind daher niedriger als bei den anderen Schmelzöfen. Er hat bei entsprechendem Anschlußwert (je t Einsatz mehr als 200 kVA) eine weitaus höhere Schmelzleistung als der SM.- und Tiegelofen gleichen Einsatzgewichtes. Sein Lohnaufwand ist niedriger als der dieser beiden Öfen. Im Vergleich zu dem SM.-Ofen ist er in der Zustellung und Erhaltung billiger, er benötigt auch weniger Raum als dieser und paßt sich den wechselnden Beschäftigungsgraden besser an. Der Elektroofen ist ein Großstromverbraucher mit hohem $\cos\varphi$, durch seine Anwendung werden die Strombezugsverhältnisse für das gesamte Werk verbessert, so daß durch seinen Einfluß für den Strom, der an den anderen Stellen des Werkes benötigt wird, niedrigere Strompreise zu erzielen sind. Er ermöglicht die Erzeugung aller Arten des schwer und leicht vergießbaren Stahlgusses sowie von Grau-, Hart- und Temperguß, einzelne auch von Metallguß, er hat somit ein weiteres Arbeitsfeld als alle

Tabelle 11. *Selbstkosten für flüssiges Material für die Tonne Stahlguß.* 5-Tonnen-Ofen. (Preis- und Lohnstand 1952.)

Gegenstand	Preis DM/t	Martinofen kg	Martinofen DM	Elektroofen kg	Elektroofen DM
Stahlroheisen	241	460	110,85	—	—
Schrott	175	1000	175,00	1320	229,40
Späne	150	500	75,00	450	76,50
Ferromangan 80% . .	650	20	13,00	15	9,75
Ferrosilizium 50% . . .	650	10	6,50	10	6,50
Aluminium	3000	0,2	0,60	0,2	0,60
Einsatz in Summe . .	—	1990,2	380,95	1800,2	322,75
Kalk	35	200	7,00	100	3,50
Koks	60	10	0,60	10	0,60
Erz	50	10	0,50	10	0,50
Dolomit od. Magnesium.	150	50	7,50	50	7,50
Zuschläge in Summe . .	—	—	15,60	—	12,10
Löhne und Gehälter . .	—	—	25,40	—	20,80
Brennstoff	45	400	18,00	—	—
Strom kWh (1000) . . .	80	—	—	1100 kWh	88,00
Elektroden	175	—	—	25	4,25
Erhaltungskosten . . .	—	—	15,20	—	13,00
Sonstiges	—	—	18,00	—	17,00
Fabr.-Aufwand	—	—	76,60	—	143,05
Gesamtkosten	—	—	473,15	—	477,90

Stahlgußausbringen im SM.-Ofen = 55% = 1,8 t flüssiger Stahl = 2 t Einsatz.
Stahlgußausbringen im Elektroofen = 60% = 1,66 t flüssiger Stahl = 1,8 t Einsatz.

Tabelle 12. *Elektroöfen für Stahlguß.*

Ofenart			Schema	Vorteile		Nachteile	
Lichtbogenofen	mittelbar	reiner Lichtbogenofen[1]	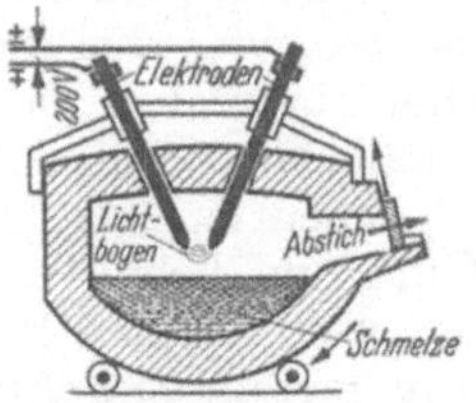	keine Stromstöße	billige elektrische Anlage, heiße, daher reaktionsfähige Schlacke	geringe Deckelhaltbarkeit, Elektrodenbrüche, begrenztes Einsatzgewicht < 3 t	Elektrodenverbrauch
Lichtbogenofen	unmittelbar	Lichtbogenwiderstandsofen	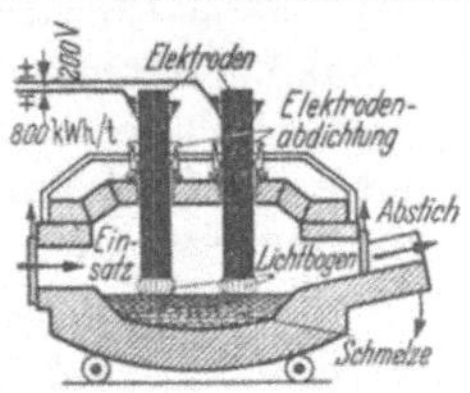	ab 0,3 t unbegrenztes Einsatzgewicht	billige elektrische Anlage, heiße, daher reaktionsfähige Schlacke	Stromstöße am Anfang des Einschmelzens	Elektrodenverbrauch
Widerstandsofen	unmittelbar	Graphitstabofen[2]	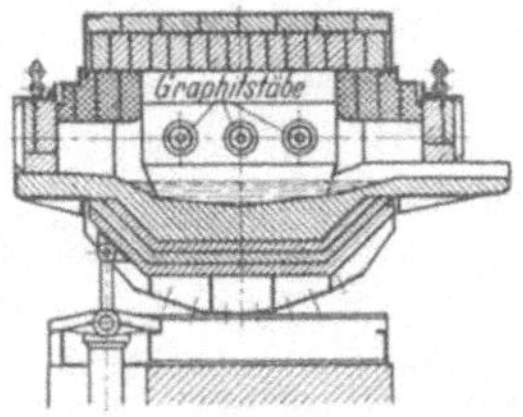	Graphitstabverbrauch ist kleiner als der Elektrodenverbrauch; geringerer Stromverbrauch	indifferente Atmosphäre	Graphitstabverbrauch Einsatzgewicht 0,03 bis 2 t	
Widerstandsofen	mittelbar	Hochfrequenz-Induktionsofen	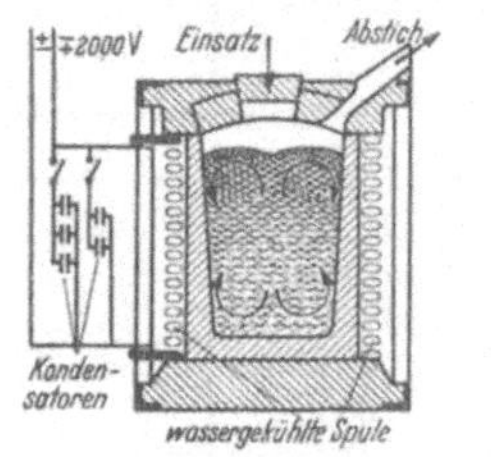	keine Stromstöße, genaue gleichmäßige Temperatur, Analysengenauigkeit, verwendbar für Metallgut	billige und rasche Zustellung, bei kaltem Ofen nur 5 bis 15% Stromverbrauch mehr, gute Durchmisch. des Bades, keine Elektroden	durch die elektrische Anlage etwa dreimal so teuer als der Lichtbogenofen gleicher Größe, Einsatzgewicht < 8 t	

[1] kleine Öfen auch als Trommelöfen. [2] 0,03···0,5 t als Trommelöfen ausgebildet.

anderen Schmelzöfen. Diese Vorteile haben zur Folge, daß er trotz des hohen Preises der Elektrowärme auch auf dem Gebiete des gewöhnlich zu vergießenden Stahlgusses immer stärker herangezogen wird. Wie Tab. 11 zeigt, arbeitet er auf diesem Arbeitsgebiete nicht teurer als der SM.-Ofen. Er ergibt noch Ersparnisse in den Formkosten durch geringeren Gußausschuß, die in dieser Gegenüberstellung der Kosten nicht berücksichtigt sind. Unbestritten ist seine Verwendung zur Herstellung von schwer vergießbarem und hochlegiertem Stahlguß.

b) *Elektroöfen für Stahlguß.* In der Stahlgießerei wird nur mit festem Einsatz gearbeitet. Es kommen daher für die Stahlgußerzeugung nur in Betracht der mittelbare oder reine Lichtbogen-, der unmittelbare Lichtbogen- oder Lichtbogen-Widerstandsofen, der Hochfrequenz- oder kernlose Induktionsofen, der ein unmittelbarer und der Graphitstabofen, der ein mittelbarer Widerstandsofen ist. Von den Bauarten des unmittelbaren Lichtbogenofens werden nur die ohne Bodenelektronen verwendet. Tab. 12 gibt das Schema sowie die Vor- und Nachteile der einzelnen Ofenarten wieder. Das beschränkte Einsatzgewicht des mittelbaren Lichtbogen-, des kernlosen Induktions- und des Graphitstabofens bedingt, daß diese Öfen bei der Auswahl ab bestimmten notwendigen Schmelzgewichten ausscheiden. Unterhalb dieser Grenze geben ihre Schmelzkosten und ihre Arbeitsweise den Ausschlag für ihre Verwendung. Der mittelbare Lichtbogenofen arbeitet infolge seiner höheren Erhaltungs- und Elektrodenkosten teurer als der unmittelbare, so daß nur mehr die Wahl zwischen dem unmittelbaren Lichtbogen-, dem kernlosen Induktions- und dem Graphitstabofen übrigbleibt. Der Induktionsofen benötigt eine kostspielige elektrische Anlage, er ergibt daher höhere Abschreibungskosten als die beiden anderen Öfen. Sie werden ab einem bestimmten Beschäftigungsgrad durch seinen geringeren Strom- und Lohnaufwand, seine niedrigeren Zustellungskosten und den Entfall des Elektroden- oder Graphitstabverbrauches ausgeglichen. Der Graphitstabofen, der erst in der letzten Zeit auch in der Stahlgießerei verwendet wird, ist dem Lichtbogenofen durch den geringeren Elektrodenverbrauch, den höheren wärmewirtschaftlichen Wirkungsgrad, die große Gleichmäßigkeit der Schmelztemperatur und die indifferente Ofenatmosphäre überlegen. Dem kernlosen Induktionsofen gegenüber hat er wesentlich niedrigere Abschreibungskosten. Er dürfte sich auf dem Gebiete des Kleingusses, insbesonderes des hochlegierten, zum Hauptschmelzofen entwickeln. Ab 4 t Einsatzgewicht beherrscht der unmittelbare Lichtbogenofen das Feld. Er ist daher in den deutschen und auch in den ausländischen Stahlgießereien hauptsächlich anzutreffen.

c) *Unmittelbarer Lichtbogenofen.* In Tab. 12 ist seine Ausführung bildhaft wiedergegeben. Das aus Stahlblech hergestellte Ofengefäß ist elektromotorisch kippbar. Das Mauerwerk des Ofens ist in den äußeren, nur der Wärmeisolierung dienenden Teilen aus Schamottesteinen hergestellt. Die innere Auskleidung besteht bei der basischen Zustellung aus Magnesitsteinen. Die oberen Lagen des Bodens und die Seitenwände werden auch aus Magnesit- oder Dolomit-Teerstampfmasse angefertigt. Bei der sauren Zustellung besteht die innere Auskleidung des Ofens aus SiO_2. Sie wird entweder aus angefeuchtetem Quarzsand aufgestampft oder aus hochfeuerfesten Silikatsteinen hergestellt. Im letzteren Falle werden die obersten Lagen des Bodens auch aus Quarzsand aufgestampft. Bei beiden Zustellungen ist der Ofendeckel aus hochfeuerfesten Silikatsteinen hergestellt. Bei sehr hohen Beanspruchungen werden dazu Silimanitsteine verwendet. Wird der Einsatz auf einmal mit Hilfe eines Korbes in den Ofen eingesetzt, so ist das Gewölbe abheb- und mit der Elektrodenbrücke ausfahrbar.

Der Strom wird mit Hilfe der aus Kohle oder Graphit hergestellten Elektroden zugeführt. Die Graphitelektroden leiten den Strom besser, ihr Querschnitt ist daher bei gleichem Anschlußwert kleiner. Sie werden bei den Öfen über 10 t und bei den kleineren Öfen mit hohem Anschlußwert verwendet. Die Elektroden besitzen an beiden Enden ein Gewinde, so daß die Elektrodenreste an die neuen Elektroden angestückt werden können. Die Elektroden werden zur Herabsetzung ihres Abbrandes an der Eintrittsstelle abgedichtet und gekühlt. Sie sind entweder aufgehängt, oder sie werden von Ständern oder einer Brücke getragen. Bei Korbbeschickung ist die letztere fahrbar. Der Elektroofen wird mit Drehstrom betrieben, so daß mindestens drei Elektroden notwendig sind. Bei Öfen über 60 t Einsatz müssen zur Erzielung einer gleichmäßigen Beheizung des Ofenraumes 4 in Scott-Schaltung an das Drehstromnetz angeschlossene Elektroden oder auch 6 verwendet werden.

An den Ofen ist ein Stufentransformator angeschlossen, mit dessen Hilfe die Ofenspannung geregelt wird. Während des Einschmelzens wird mit höchstens 200 V, während des Feinens mit mindestens 100 V gearbeitet. Beim sauren Ofen muß wegen der schlechten Leitfähigkeit der Schlacke mit höherer Spannung als im basischen gearbeitet werden. Am Beginne des Einschmelzens treten, besonders bei saurem Ofenbetriebe, starke Stromstöße auf, der Öltransformator muß daher überlastbar sein. Um die Stromstöße abzudrosseln, ist mitunter an den Transformator eine Drosselspule angebaut. Sie verschlechtert den cos φ der Ofenanlage etwas, der ohne Drossel über 0,85 liegt. Die Bemessung des Transformators richtet sich nach der gewünschten Einschmelzdauer. Kann dieselbe 3 ··· 4 Stunden betragen, so genügt bei den Öfen von 1 ··· 12 t eine Transformatorenleistung von 200 ··· 120 kVA/t. Soll in 2 ··· 3 Stunden eingeschmolzen werden, so müssen je t 400 ··· 250 kVA zur Verfügung stehen. Ein höherer Anschlußwert ist nicht zweckmäßig, da die hohe Leistung nur während des Einschmelzens ausgenützt werden kann. Die Zentrale muß aber für die ganze Zeit die Volleistung bereit halten. Falls dafür eine Bereitstellungsgebühr zu zahlen ist, so kann diese die Stromersparnisse zunichte machen, die bei hohem Anschlußwert beim Einschmelzen erzielt werden.

Verlauf der Schmelze im basischen Ofen. 1. Frischverfahren. Der Einsatz, der nicht mehr als 0,1% P enthalten soll, da sonst mit zwei Frischschlacken gearbeitet werden muß, soll in den Ofen möglichst dicht gelagert werden. Bei Korbbeschickung ist diese Forderung leicht zu erfüllen. Sie hat auch noch den Vorteil, daß die Einsatzzeit auf wenige Minuten herabgesetzt wird, so daß die Leerlaufzeit des Ofens wesentlich verkürzt wird. Dem Einsatz werden als Schlakkenbilder bis zu 4% gebrannter Kalk zugesetzt.

Die Schmelzzeit unterteilt sich in die Frisch- und in die Feinungsperiode. In der Frischperiode wird bis auf unter 0,1% C entkohlt, dabei wird das Si nahezu vollkommen, das Mn bis auf 0,1, der P bis unter 0,03% entfernt. Ein Überfrischen muß verhindert werden, da es die Feinungsarbeit erschwert. Die Frischvorgänge sind die gleichen wie bei dem basischen SM-Verfahren. Genügt der Zunder und Rost für die Oxydationsvorgänge nicht, so muß Eisenerz, Walzsinter oder Hammerschlag zugesetzt werden. Der Ablauf des Frischvorganges und die Beschaffenheit der Schlacke wird laufend durch Stahl- und Schlackenproben verfolgt. Ist das Frischen beendigt, so wird der Strom ausgeschaltet. Es wird dann die Frischschlacke so vollständig als möglich abgezogen. In das blanke Bad wird hierauf soviel Ferromangan und Ferrozilizium eingetragen, daß sein Mn- und Si-Gehalt je 0,1% beträgt. Dieser Zusatz erleichtert die Feinungsarbeit. Ist eine Aufkohlung des Bades notwendig, so wird es mit Hilfe von Koks- oder Elektrodenpulver aufgekohlt. Nach der Auflösung des Kohlungsmittels wird der Strom wieder eingeschaltet. Es beginnt nun die Feinungsperiode.

Das Feinen — Entschwefeln, Desoxydieren und Entgasen — wird mit Hilfe einer Kalkschlacke durchgeführt, die aus 12 Teilen trockenem, gebranntem Kalk, 2 Teilen Quarzsand oder Flußspat und 1 Teil Koks- oder Elektrodenpulver erzeugt wird. In der hohen Temperatur des Lichtbogens wirkt der Kokskohlenstoff auf das FeO der Schlacke, das aus den Resten der Oxydschlacke herrührt, reduzierend ein. Ist der FeO-Gehalt der Schlacke unter 1% FeO gesunken, so wird durch den Kokskohlenstoff unter der Wirkung des Lichtbogens das Kalziumoxyd der Schlacke teilweise zu metallischem Kalzium reduziert. Es setzt sich einerseits mit dem im Bade gelösten FeO und FeS um, andererseits bildet es mit dem C Kalziumkarbid, das ebenfalls mit diesen beiden Bestandteilen des Bades in Reaktion tritt. Die folgenden Gleichungen geben die Reaktionen wieder, die den Stahl feinen, das heißt entschwefeln, desoxydieren und entgasen.

1. $C + FeO = Fe + CO$
2. $CaO + C = Ca + CO$
3. $Ca + FeS = CaS + Fe$
4. $Ca + FeO = CaO + Fe$
5. $CaO + 3\,C = CaC_2 + CO$
6. $CaC_2 + 2\,FeO + FeS = CaS + 3\,Fe + 2\,CO$

Sobald die Schlacke eisenoxydulfrei ist, ist sie weiß bis gelblich weiß; enthält sie auch schon beträchtliche Mengen von Karbid, so zerfällt sie beim Erkalten an der Luft. Durch die Karbidschlacke wird das Bad auch etwas aufgekohlt (0,02% je Stunde).

Nach einer ein- bis eineinhalbstündigen Einwirkung der Karbidschlacke, während welcher Zeit auch die Temperatur entsprechend gesteigert wurde, ist die weitmöglichste Entschwefelung und Desoxydation erzielt. Zur Ergänzung der letzteren wird noch etwas Ferromangan und zur Beruhigung der Schmelze etwas Ferrosilizium zugegeben. Diese Zusätze sind geringer als im SM.-Ofen. Nach ihrer kurzen Einwirkung wird das Bad gut durchgerührt und abgegossen.

Ist der C-Gehalt der Schmelze etwas zu niedrig ausgefallen, so wird sie mit Karburit-Briketts aus Stahlspänen und Kohle aufgekohlt.

Werden legierte Stähle hergestellt, so werden die Legierungszusätze nach dem Feinen hinzugefügt. Eine Ausnahme macht das Ni und das Cu, die mit dem Einsatz in den Ofen gelangen, da sie nicht oxydierten. Der Abbrand der Legierungselemente ist im Elektroofen wesentlich niedriger als im SM-Ofen.

2. Umschmelzverfahren. Es ist nur durchführbar, wenn die Zusammensetzung des Einsatzes bekannt ist, da nur dann die in diesem Fall an den Einsatz zu stellenden Anforderungen erfüllt werden können. Bei ihm entfällt das bewußte Frischen. Die Einschmelzschlacke wird sofort durch Kokspulver und Flußspatzugabe in die Karbidschlacke übergeführt. Bei der Herstellung von legierten Stählen werden dabei die beim Einschmelzen verbrannten Teile des Cr, W, V, Mo des legierten Stahlschrottes wieder reduziert, so daß ihre Legierungsgehalte voll ausgenützt werden. Das Fertigmachen der Schmelze erfolgt in der gleichen Art wie bei dem Frischverfahren.

Durchführung der Schmelze im saueren Ofen. Der Einsatz für das sauere Verfahren wird in der Regel so zusammengestellt, daß eine Frischarbeit möglichst vermieden wird (Umschmelzverfahren). Genügt sein Kohlenstoffgehalt nicht, so wird dem Einsatz die notwendige Menge an Kohlungsmitteln zugegeben. Während des Einschmelzens verbrennt durch die Einwirkung des Rostes und Zunders des Einsatzes das Silizium und Mangan nahezu vollkommen, der Kohlenstoff teilweise. Ist der Einsatz zu kohlenstoffreich, so muß nach dem Einschmelzen so lange gefrischt werden, bis er die gewünschte Höhe erreicht (Frischverfahren). Genügt dazu der Eisenoxydgehalt der Schlacke nicht, so muß Erz oder Sinter zugegeben werden. Hat die Schmelze den gewünschten Kohlenstoff oder ist derselbe nach der Frischarbeit erreicht, so wird die Schmelze überhitzt und gefeint, das heißt desoxydiert und entgast. Die Feinung erfolgt durch Reduktion des Siliziums aus der Schlacke, die durch aufgegebenes Kokspulver im Bereiche der Lichtbögen besonders vor sich geht. Damit sie in genügendem Ausmaße möglich ist, muß die Schlacke mindestens 55% Silizium enthalten. Ist die Einschmelzschlacke zu eisenoxydreich, so wird sie abgezogen, und es wird eine Feinungsschlacke aus Quarzsand und Kalk erschmolzen. Die Siliziumreduktion wird so lange durchgeführt, bis der Stahl sich ruhig vergießen läßt. Ist dies erreicht, und ist der Stahl genügend heiß, so wird nach kurzer Einwirkung des noch zugesetzten Ferromangans abgestochen. Muß die Schmelze nach der Feinung noch überhitzt werden, so wird die weitere Siliziumreduktion durch Kalkzusatz unterbunden.

Ist legierter Stahl herzustellen, so werden die Legierungselemente mit Ausnahme des Nickels nach der Feinung zugesetzt.

Betriebsangaben. Tab. 13 gibt die Zahl der täglich bei Dauerbetrieb möglichen Schmelzen und den Stromverbrauch des basisch und sauer zugestellten Lichtbogenwiderstandsofens für unlegierten Stahlguß bei verschiedener Ofengröße mit verschiedenem Anschlußwert wieder. Sie zeigt seine Abhängigkeit von der Art der Zustellung und dem Anschlußwert. Der Deckel des sauren Ofens hält bis zu 700, der des basischen bis zu 120 Schmelzen. Der Boden ist bei beiden Arten der Zustellung bei entsprechender Pflege nahezu unbegrenzt haltbar. Die Wände müssen im sauren und basischen Ofen nach etwa 300 Schmelzen erneuert werden. Das basische Mauerwerk ist im Gewichte schwerer und je kg teurer. Bei guter Abdichtung werden je t Stahl 2,5 kg Graphit- oder 10 kg Kohleelektroden verbraucht. Die Graphitelektroden sind ungefähr viermal so teuer, so daß die Elektrodenkosten bei Verwendung jeder Art ungefähr gleich sind.

Tabelle 13. *Stromverbrauch des Lichtbogenwiderstandsofens.*

Ofengröße t-Einsatz	Transformatorleistung kW		tägliche Schmelzen	kWh je t Stahl	
	insgesamt	je t		basisch	sauer
1	300	300	8	1000	900
	600	600	16	650	—
3	550	180	4	850	750
	1200	400	9	650	560
5	800	160	3,5	750	650
	1800	360	7,5	600	—
10	1200	120	3	650	570
	3000	300	6	550	—
15	1800	120	3	600	—
	4000	270	5,5	500	—

d) *Hochfrequenz- oder kernloser Induktionsofen* (s. Tab. 12). Dieser Ofen hat bei gleichem Anschlußwert eine höhere Stundenleistung als der Lichtbogenofen, so daß bei seiner Verwendung die gleiche Gesamtschmelzleistung mit einem kleineren Ofen erzielt wird. Er eignet sich wegen seiner großen Analysengenauigkeit und der genauen Regelung der Gießtemperatur besonders für hochlegierten Kleinformguß, wie Magnete, säure- und feuerfeste Gußstücke. Er ist in der Regel sauer zugestellt und wird in diesem Falle als Umschmelzofen betrieben.

Der tiegelförmige Herd wird im Ofen mit Hilfe einer Schablone aus Klebsand gestampft und mit einer trockenen Pufferschicht hinterfüllt. Er wird bei dem Anheizen der ersten Schmelze gebrannt. Der phosphor- und schwefelarme, möglichst rostfreie Einsatz soll zerkleinert und gebündelt sein, damit er im Ofen dicht liegt. Je besser der Füllungsgrad ist, um so günstiger ist der Wirkungsgrad des Ofens und damit der Stromverbrauch. Hat der Schrott einen zu niedrigen Kohlenstoffgehalt, so wird eine entsprechende Menge eines aufkohlenden Mittels (Elektrodenpulver oder andere) zugegeben. Als Schlackenbildner wird Glas zugesetzt. Nach dem Einschmelzen wird der Stahl überhitzt, desoxydiert und legiert. Die Desoxydation erfolgt durch Reduktion von Silizium aus der Zustellung. Die Reduktion setzt ein, sobald die Kieselsäure der Zustellung das beim Einschmelzen aus dem Metallbad gelöste Eisenoxydul aufgenommen hat. Beim Einschmelzen tritt durch die Einwirkung des Zunders und Rostes des Einsatzes ein geringer Mangan- und Siliziumabbrand ein. Die Schmelze ist ständig in lebhafter Bewegung, so daß alle Vorgänge sehr rasch verlaufen und eine gleichmäßige Temperatur an allen Stellen der Schmelze erzielt wird. Das Arbeiten mit dem kernlosen Induktionsofen ist sehr einfach, die Güte des Stahles ist sehr hoch.

Der Herd des Ofens hält bis zu 70 Schmelzen, er ist in der kürzesten Zeit erneuert. Der Stromverbrauch ist verhältnismäßig niedrig. Er beträgt beispielsweise bei einem 0,75 t Ofen bei der Herstellung von säurefestem Stahlguß bei gutem Schrott und einem Anschlußwert von 400 kVA/t bei kaltem Ofen 800, bei warmem 700 kWh/t. Die Periodenzahl ist in der Regel 500. In den Stromkreis sind Kondensatoren eingeschaltet, sie ermöglichen, daß der $\cos\varphi$ der Anlage nahezu gleich 1 wird, ohne die Kondensatoren beträgt er nur 0,15. Die Primärspule ist aus einem Kupferrohr mit rechteckigem Querschnitt hergestellt, sie wird mit Wasser gekühlt.

e) *Der Graphitstabofen* (s. Tab. 12) ist ab 0,6 t ein kippbarer Herdofen, der mit Hilfe von drei waagerecht durch den Ofen geführten Graphitstäben erwärmt wird, die durch den hindurchgeleiteten Strom eine Temperatur bis 2500° annehmen. Unter 0,6 t ist er ein Einphasentrommelofen mit einem einzigen Graphitstab in der Achse der Trommel. Bei dem Herdofen ist das Gewölbe durch leichte Isolationssteine abgedeckt. Er wird bisher sauer nur mit Korundmasse zugestellt und als Umschmelzofen betrieben, bei der basischen Zustellung wird in der gleichen Art wie bei dem basischen Lichtbogenofen gearbeitet. Durch den allmählichen Abbrand der Graphitstäbe ist in dem Ofen eine indifferente Atmosphäre vorhanden. Sie erleichtert die Desoxydation und vermindert den Abbrand des Einsatzes. Die Zusammensetzung des Einsatzes erleidet nahezu keine Veränderung.

Bei einem Graphitstabofen mit 300···450 kVA/t Anschlußwert werden je nach der Stahlart bei Dauerbetrieb 700···900 kWh/t verbraucht. Bei der ersten Schmelze steigt der Verbrauch auf 1300···1500 kWh/t an. Der Graphitstabverbrauch beträgt bei Dauerbetrieb 2,1···2,7 kg/t.

D. Vergießen des Stahles.

Leichte Stücke im Gewichte bis zu 30 kg werden in der Regel mit Handpfannen, schwerere Stücke mit der Kranpfanne vergossen.

18. Handpfannen. Die Handpfannen, den Stahlschmelztiegeln nachgebildet, sind schmal und hoch, damit ihre Wärmeausstrahlung möglichst gering ist. Sie sind aus Schwarzblech hergestellt und mit hochfeuerfester Masse aus Schamotte (gebranntem Ton) und Ton ausgeschmiert. Sie fassen 50 bis 150 kg. Sie werden vor dem Gebrauch auf dem Pfannenfeuer auf Rotglut vorgewärmt. Abb. 10 stellt eine solche Pfanne samt der dazugehörigen Traggabel dar. Die Pfanne wird entweder unmittelbar aus dem Ofen durch Abfangen des ausfließenden Stahles oder mit Hilfe der Kranpfanne gefüllt. Bei leichten Schmelzen wird der erste Weg, bei schwereren der zweite beschritten. Schmelzen bis zu 5 t Gewicht können ohne Schwierigkeit mit Handpfannen unmittelbar aus dem Ofen vergossen werden. Bei Verwendung der Handpfannen kann die Gießtemperatur und die Gießgeschwindigkeit sehr leicht geregelt werden. Beim Tiegelstahlschmelzen wird der Kleinguß unmittelbar aus dem Tiegel vergossen.

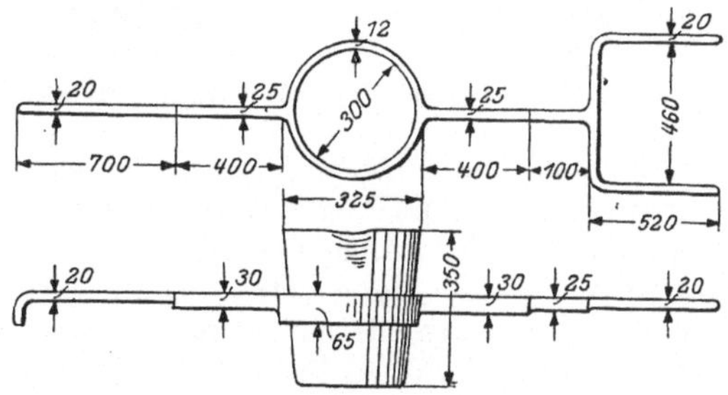

Abb. 10. Handpfanne und Traggabel.

19. Kranpfannen. Die Kranpfannen sind entweder als Stopfen- oder als Kipppfannen ausgebildet. Sie sind in beiden Fällen aus starkem Stahlblech hergestellt. Die mit einer Schnauze (a) ausgestattete Pfanne (Abb. 11) besitzt einen

Tragring, an dessen Zapfen die Tragbügel angreifen. Der Stahlblechmantel ist mit Schamottesteinen ausgemauert. Bei den Stopfenpfannen wird die Pfanne durch einen Ausguß (*b*) im Boden entleert, der mit einem Stopfen (*c*) verschlossen ist. Der Stopfen wird durch einen besonderen Mechanismus gelüftet, der an der Außenseite der Pfanne angebracht ist.

Der Stopfen muß gut eingepaßt sein, soll das Vergießen klaglos vor sich gehen. Die Zahl der Gußstücke, die mit der Stopfenpfanne vergossen werden sollen, darf nicht zu groß sein, da bei allzu häufigem Öffnen und Schließen des Stopfens der Abschluß undicht wird. Erfahrungsgemäß lassen sich mit einem gut eingepaßten Stopfen aus gutem feuerfestem Werkstoff bis zu 80 Gußstücke abgießen. Damit der Ausguß nicht verlegt wird, werden zu seiner Anwärmung zuerst ein oder zwei größere Stücke abgegossen.

Bei Abguß einer großen Anzahl kleiner Stücke mit der Kranpfanne empfiehlt es sich, die Pfanne als Kipppfanne auszubilden. Bei ihr entfallen Stopfen und Ausguß; sie wird durch Kippen entleert. Damit schlackenfrei abgegossen werden kann, wird in die Pfanne ein Syphon eingebaut (Abb. 12). Derartige Pfannen werden Teekesselpfannen genannt.

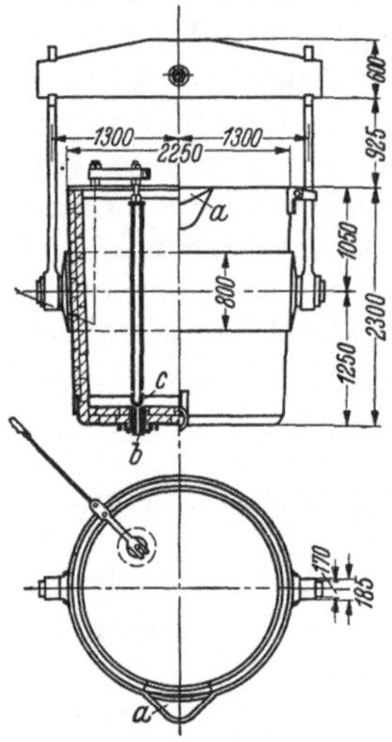

Abb. 11. Stopfenpfanne.

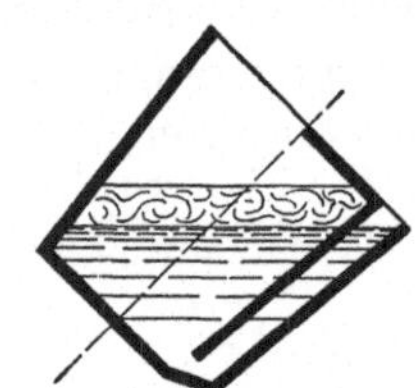

Abb. 12. Teekesselpfanne.

Beim Vergießen des Stahls ist auf die Einhaltung der richtigen Gießtemperatur zu achten. Sie bzw. die Temperatur der Schmelze im Ofen kann entweder mit Hilfe von technologischen Proben oder mit Pyrometern festgestellt werden. Die technologischen Proben sind die Löffel-, die Auslauf- und die Tauchprobe. Bei der Löffelprobe wird dem fertig gemachten Stahlbad mit einem vorgewärmten und in Schlacke gehüllten Probelöffel eine Probe entnommen. Sie wird rasch abgeschlackt, und hierauf wird mit einer Stechuhr die Zahl der Sekunden festgestellt, die bis zur Bildung einer Haut auf der Oberfläche des Stahles verstreichen. Bei der Auslaufprobe läßt man die mit dem Probelöffel entnommene Stahlprobe nach dem Abschlacken in einem kalten, 1 m langen Winkeleisen, 40×40 mm, das geneigt gelagert ist, auslaufen. Aus der Länge des Weges, den der Stahl bis zur Erstarrung zurücklegt, wird auf die Höhe seiner Temperatur geschlossen. Bei der Tauchprobe wird eine Stahlrute, deren Abmasse und Zusammensetzung immer gleich sein müssen, in das Stahlbad bis auf den Boden eingetaucht. Mit der Stechuhr wird dann die Zeit bestimmt, die zum Abschmelzen der Rute notwendig ist. Diese technologischen Proben müssen natürlich immer unter den gleichen Bedingungen durchgeführt werden, soll ihr Ergebnis verwertbar sein. Genau gemessen wird die Temperatur mit den optischen, den Strahlungspyrometern oder den Farbpyrometern. Auch hierbei müssen bestimmte Bedingungen eingehalten werden, damit die Messung richtig wird. Liegt die Temperatur des Stahles über der Gießtemperatur, so läßt man ihn entweder im Ofen unter Ausschaltung der Heizung oder nach dem Abstechen in der Pfanne abstehen. Die Dauer des Abstehens wird auf Grund der praktischen Erfahrungen vorgeschrieben. Im allgemeinen gilt die Regel, so matt wie möglich zu vergießen. Die Gießtemperatur muß aber selbstverständlich so hoch gehalten werden, daß ein klagloses Auslaufen der Form gewährleistet ist.

E. Putzen des Gusses.

Nach dem Abgießen der Gußstücke und dem Entleeren der Formkästen werden die Eingüsse, Steiger, verlorenen Köpfe, Gußnähte entfernt. Es werden weiter die Kerneisen und Kerne ausgestoßen, und die festgebrannte Formmasse wird beseitigt. Die Eingüsse, Steiger und verlorenen Köpfe werden, solange es der Querschnitt ihrer Verbindungsstelle mit dem Gußstück zuläßt, von Hand abgeschlagen. Ist dies nicht mehr möglich, so werden sie mit Hilfe von Kaltkreis-, Bogen- oder Bandsägen, Drehbänken, Hobel- oder Stoßmaschinen oder durch autogenes Abschneiden vom Gußstück getrennt. Gußnähte, behelfsmäßige Versteifungsrippen, der festgebrannte Sand und die Kerne werden mit Hand-, Preßluft- oder Elektromeißeln und -klopfern entfernt. Kleine Grate und sonstige Unebenheiten werden durch Abschleifen beseitigt. Kleine Gußstücke werden mit feststehenden, große mit Pendel- oder Handschleifmaschinen geschliffen. Vom festgebrannten Sand und festgebrannter Formmasse werden die Gußstücke am besten durch Abblasen mit dem Quarz- oder Stahlsandstrahlgebläse oder dem Druckwasserstrahl gereinigt. Bei der Verwendung des Sandstrahlgebläses wird die Gußhaut entfernt. Je nach der Stückgröße kommen für die Arbeit des Abblasens Freistrahl-, Drehtischgebläse oder Scheuertrommeln mit Sandstrahlgebläse in Betracht. Bei kleinen Gußstücken genügt auch das Scheuern allein. Ein Abbeizen mit verdünnter Schwefelsäure kann auch zum Ziele führen. Kleine Risse und andere Fehler werden vor der Wärmebehandlung autogen oder elektrisch verschweißt. All diese Arbeiten werden in der Gußputzerei durchgeführt, die nach der Art der Erzeugung der Gießerei mit den zweckentsprechenden Maschinen für die Fertigstellung des Gusses ausgestattet sein muß. Vor der Weiterbearbeitung und dem Abblasen oder Scheuern werden die Gußstücke bestimmten Warmbehandlungen unterworfen.

F. Wärmebehandlung.

Die Verwendung des Stahlgusses im Gußzustand kommt nur für Gußstücke aus unlegiertem Stahl in Frage, die keinen besonderen mechanischen Beanspruchungen ausgesetzt sind. Alle anderen werden einer Wärmebehandlung unterworfen, damit sie in das für ihre Verwendung günstigste Gefüge und womöglich in einen spannungsfreien Zustand übergeführt werden. Die Wärmebehandlung besteht in einem langsamen und durchgreifenden Erhitzen auf die dem Zwecke der Wärmebehandlung angepaßte Temperatur, Halten dieser Temperatur, bis die notwendige Gefügeumwandlung vorsichgegangen ist, und Abkühlen mit einer der gewollten Zustandsänderung entsprechenden Geschwindigkeit. Bei legiertem, besonders bei hochlegiertem Stahlguß ist die Anheizdauer infolge ihrer schlechteren Wärmeleitfähigkeit und die Haltezeit der Temperatur infolge des langsameren Ablaufes der Gefügeumwandlungen länger, als bei dem unlegierten Stahlguß. Der gewünschte Gefügezustand wird entweder durch eine einmalige oder erst durch eine mehrmalige oder zusammengesetzte Wärmebehandlung erzielt. Genauere Angaben über die Durchführung der einzelnen Wärmebehandlungen, sowie über die dabei verwendeten Öfen und Einrichtungen sind den Werkstattbüchern Heft 7 und 8 zu entnehmen.

Tab. 2 gibt einen Überblick über die für die einzelnen Stahlgußsorten in Frage kommenden Wärmebehandlungen.

20. Spannungsfreies Glühen. Diese Art des Glühens hat den Zweck, das Gußstück spannungsfrei zu machen. Es wird bei Temperaturen unterhalb A_{c1} (Abb. 15) meist unter 650° durchgeführt. Das Abkühlen nach dem Glühen muß gleichmäßig erfolgen, damit nicht neuerdings im Gußstück Spannungen auftreten. Das entspannende Glühen ist für die ferritisch karbidischen Cr-Stahlgußmarken die einzig mögliche Wärmebehandlung. Bei unlegiertem Stahlguß wird es als einzige Wärmebehandlung nur dann verwendet, wenn das Gußstück keinen besonderen Beanspruchungen ausgesetzt ist. Es wird bei den un- und legierten Stahlgußmarken als Endwärmebehandlung durchgeführt, wenn durch die vorhergehende Wärmebehandlung zur Erzielung des Verwendungsgefüges Spannungen im Gußstück hervorgerufen wurden (Luftsturzabkühlung beim Normalglühen oder Vergüten, Abschrecken).

21. Weichglühen. Durch das Weichglühen wird der streifige Zementit des Perlites sämtlicher perlitischer Stähle, sowie der netzförmige Zweitzementit der überperlitischen Stähle in die körnige Form übergeführt. Der Stahl wird dadurch leichter zerspanbar, außerdem weist seine Zerreißprobe etwas günstigere Einschnürungs- und Dehnungswerte auf. Die Umwandlung der Zementitform erfolgt entweder durch ein mehrstündiges Glühen $10 \cdots 20^\circ$ unter A_{c1} oder durch eine Pendelglühung abwechselnd ober- und unterhalb A_{c1}. Dem Glühen folgt ein langsames Abkühlen. Das Weichglühen wird bei den un- und legierten Stahlgußmarken mit mehr als 70 kg/mm² Festigkeit zur Erleichterung ihrer Zerspanung als Vorwärmebehandlung vor dem Vorschruppen durchgeführt. Es wird auch als Endwärmebehandlung im Anschluß an das Normalglühen ausgeführt, wenn spannungsfreier Zustand, beste Festigkeitswerte und leichte Schlichtbarkeit verlangt werden.

22. Wärmebehandlungen zur Vergleichmäßigung des Gefüges. Die Ausbildung des Gußgefüges hängt von der Abkühlungsgeschwindigkeit der Schmelze und des erstarrten Gußstückes ab. Sie wird durch die Wandstärke bestimmt, deren Einfluß auf die Abkühlungsgeschwindigkeit durch die veränderlichen Gußbedingungen — Gießtemperatur, Gießgeschwindigkeit, Art des Formstoffes, Temperatur der Form, bei Verwendung von Schreckplatten auch noch Dicke derselben — nicht vollkommen ausgeglichen werden kann. Das Gußgefüge ist daher in den verschiedenen Wandstärken ungleich ausgebildet, damit sind auch ihre mechanischen Eigenschaften verschieden. Diese Ungleichmäßigkeiten können durch das „Normalglühen" oder durch das „Vergüten" des Gußstückes beseitigt werden. Die Entscheidung, welche der beiden Wärmebehandlungen verwendet werden soll, hängt von der Wandstärke und der Gestalt, sowie von der Beanspruchung des Gußstückes ab. Das Vergüten, das bei gleichartigem Gefüge bessere Eigenschaften ergibt, das außerdem die Veränderung der mechanischen Eigenschaften innerhalb bestimmter Grenzen ermöglicht, kommt nur dann in Betracht, wenn alle Wandstärken durchhärtbar sind und die Gestalt des Gußstückes derartig ist, daß beim Härten keine Risse oder keine seine Maßhältigkeit störenden Verwerfungen auftreten.

a) *Normalglühen oder Normalisieren* heißt das Gußstück so glühen, daß in allen Wandstärken das Normalgefüge des Stahles erzielt wird. Es ist im Gußzustand nur in der kritischen Wandstärke vorhanden. Abb. 13 gibt die kritischen Wandstärken des unlegierten Stahlgusses bis 0,5% wieder. Beim Normalglühen wird das Gefüge der unter der kritischen Wandstärke liegenden Wandstärken vergröbert, das der darüber liegenden Wandstärken wird verfeinert, es wird in allen Wandstärken durch Umkristallisation vergleichmäßigt. Sofern keine Seigerungen oder Ungänzen in den einzelnen Wandstärken vorliegen, sind dann auch ihre mechanischen Eigenschaften gleich. Damit durch das Normalglühen feinste Ausbildung des Gefüges erzielt wird, müssen die folgenden Arbeitsbedingungen eingehalten werden.

1. Es muß beim Glühen austenitischer Zustand — feste Lösung des γ-Eisens und des Eisenkarbides — in feinster Form erhalten werden. Dies wird erreicht,

wenn der unterperlitische Stahlguß auf etwa 50° über seine A_{c3}-Temperatur (*GS*-Linie, Abb. 15) erhitzt wird. Er geht dadurch in den feinsten vollkommenen austenitischen Zustand über. Für den überperlitischen Stahlguß kommt als Glühtemperatur die etwa 50° über seinen A_{c1}-Punkt (*PSK*-Linie) liegende Temperatur, in Frage. Er geht nur teilweise in den austenitischen Zustand über, es kristallisiert aber auch sein Restzweitzementit um. Eine Erhitzung über seinen A_{cm}-Punkt, die erst seinen vollkommenen austenitischen Zustand ergibt, kommt wegen der zu hohen Lage desselben und der dadurch bedingten groben Ausbildung des Austenites nicht in Frage. Die Lage der *GSK*-Linie im *Ct*-Schaubild ändert sich mit der Zusammensetzung des Stahles. Der Punkt *S* wird durch die Legierungselemente nach oben oder unten und außerdem von einzelnen auch noch nach links oder rechts verschoben (Tab. 2). Wird beim Glühen des unterperlitischen Stahlgusses die Temperatur der *GS*-Linie nicht überschritten, so kristallisiert sein Gefüge nur teilweise um (Abb. 15b). Wird der Stahlguß zu hoch geglüht, so wird sein Glühgefüge mit zunehmender Überschreitung der Mindestglühtemperatur immer gröber (Abb. 15c).

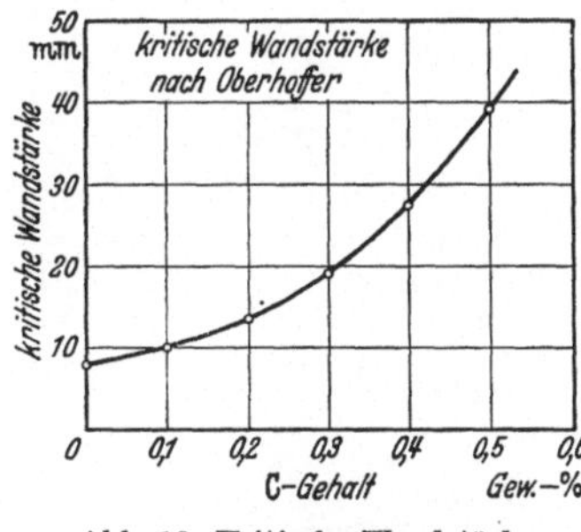

Abb. 13. Kritische Wandstärke bei Stahlguß.

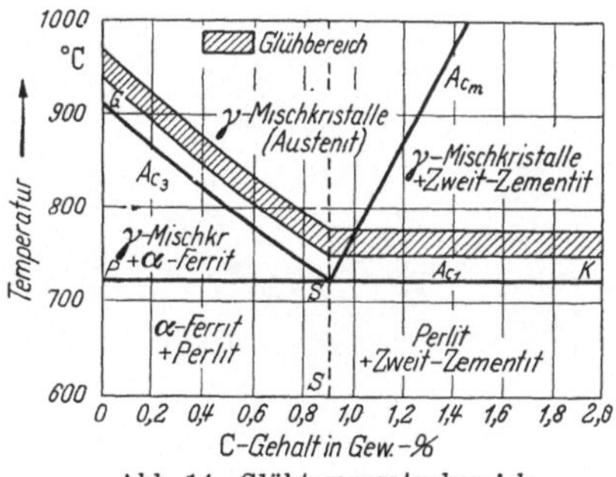

Abb. 14. Glühtemperaturbereich, unlegierter Stahlguß.

2. Die Glühtemperatur darf nicht länger aufrechterhalten werden, als es zur Erlangen der Gefügeumwandlung notwendig ist. Die Glühdauer ist erst ab Erreichung der Glühtemperatur im Kern der größten Wandstärke zu rechnen. Zu langes Glühen wirkt sich ebenfalls in einer Vergröberung des Glühgefüges aus. Die Temperatur muß etwa 1 Std. je 25 mm Dicke der stärksten Wandstärke aufrecht erhalten werden.

3. Das Abkühlen nach dem Glühen muß innerhalb des Temperaturbereiches der Zweitkristallisation (A_{c3} oder A_{cm} bis A_{c1}) rasch durchgeführt werden. Feinstes Glühgefüge wird beim Abkühlen des Gußstückes in ruhender Luft — Luftsturz — (Abb. 15c) erzielt. Gußstücke mit ungleichen Wandstärken sind nach dem Luftsturz nicht spannungsfrei. Sie müssen noch entspannend geglüht werden. Werden besonders hohe Werte für die Einschnürung und Dehnung verlangt, so wird das Gußstück nach dem Luftsturz zur Überführung des Perlites in den körnigen Zustand noch bei 650 ··· 680° geglüht, es ist dann auch spannungsfrei und leicht bearbeitbar (Abb. 15f). Erfolgt die Abkühlung im Ofen, wobei sofort Spannungsfreiheit erzielt wird, so muß die Abkühlung bis A_{c1} möglichst rasch erfolgen — öffnen der Ofentüren und des Kaminschiebers — (Abb. 15d). Durch Regelung der Abkühlungsgeschwindigkeit kann gleichzeitig die Bildung von körnigem Perlit erreicht werden. Das Gefüge ist aber etwas gröber ausgebildet, als bei Normalglühung mit Luftsturz. Die Abb. 15a ··· f geben den Einfluß der Durchführung des Normalglühens auf das Gefüge wieder. Tab. 14 zeigt, wie sie sich auf die mechanischen Eigenschaften auswirkt.

Abb. 16 gibt die Veränderungen wieder, die das Normalglühen in den Festigkeitswerten und in der Kerbzähigkeit bei unlegiertem Stahlguß von 0,1···0,85% C bewirkt. Die Streckgrenze und Festigkeit werden nur dann erhöht, wenn durch

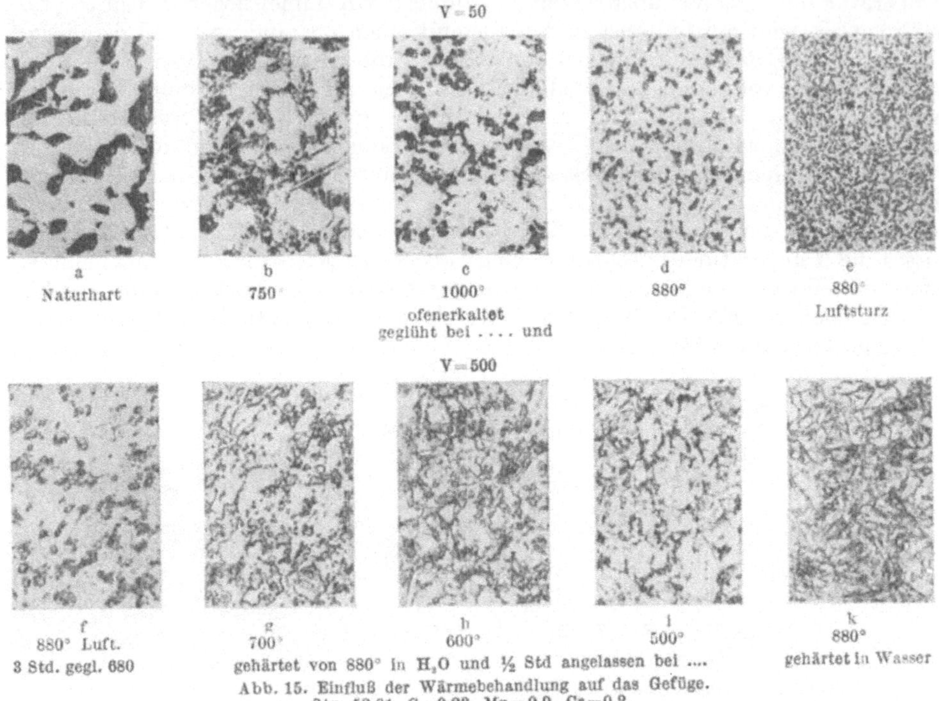

Abb. 15. Einfluß der Wärmebehandlung auf das Gefüge. Stg. 52.81, C = 0,23, Mn = 0,9, Cr = 0,2.

Tabelle 14. *Einfluß der Wärmebehandlung auf die mechanischen Eigenschaften des Stg. 52.81 (C = 0,23, Mn = 0,9, Cr = 0,2).*

Stg. 52.81 Zustand		σ_{zS} kg/mm²	σ_{zB} kg/mm²	δ_S %	ψ %	Kerbschlagprobe DVM mkg/cm²	Bruchausseh.	Gefüge Abb. 15
naturhart		29,5	53,0	24,4	19,9	4,5	19	a
gegl. bei	750° ofenerkaltet	31,4	54,8	28,0	26,7	11,1	1+2	b
	1000° ofenerkaltet	35,6	53,3	26,1	37,8	7,2	1+2	c
	880° ofenerkaltet	37,4	53,8	29,5	33,4	13,2	2	d
	880° Luftsturz	42,2	60,0	28,8	37,6	14,8	2	e
	880° Luftsturz + 680° . .	41,4	56,0	27,0	39,9	14,6	2	f
880° wassergehärtet u. angelassen	700°	53,0	64,0	22,0	42,0	15,1	2	g
	600°	67,3	76,0	16,8	24,6	12,6	2	h
	500°	86,0	96,3	11,0	13,0	11,8	2	i

* 1 = Trennungsbruch, 2 = Verformungsbruch.

das Glühen eine Verfeinerung gegenüber dem Gußzustande erzielt wird. Die Dehnung, Einschnürung und Kerbzähigkeit steigen für jeden Fall an, ihr Anstieg ist in den Teilen, deren Wandstärke die kritische übersteigt, größer als in den darunterliegenden Wandstärken.

Das Normalglühen wird sofort nach dem Herausnehmen der Gußstücke aus der Form durchgeführt. Anhaftender Formstoff und abschlagbare Eingüsse, Steiger und verlorene Köpfe werden vorher noch entfernt.

b) *Vergüten (Anlaßvergüten).* Bei dieser Wärmebehandlung wird das Umkristallisieren des Gußgefüges dadurch erreicht, daß das Werkstück zuerst gehärtet, d. h. in den martensitischen Zustand übergeführt und dann auf Temperaturen angelassen wird, die zwischen der Zerfallstemperatur des Martensites und A_{c1} liegen. Das Härten setzt ebenfalls den feinsten austenitischen Zustand voraus. Das Gußstück wird daher wie beim Normalglühen auf die etwa 50° über der *GSK*-Linie liegende Härtetemperatur des Stahles solange erhitzt, bis sich in allen Teilen desselben der austenitische Zustand eingestellt hat. Sobald dies der Fall ist, wird

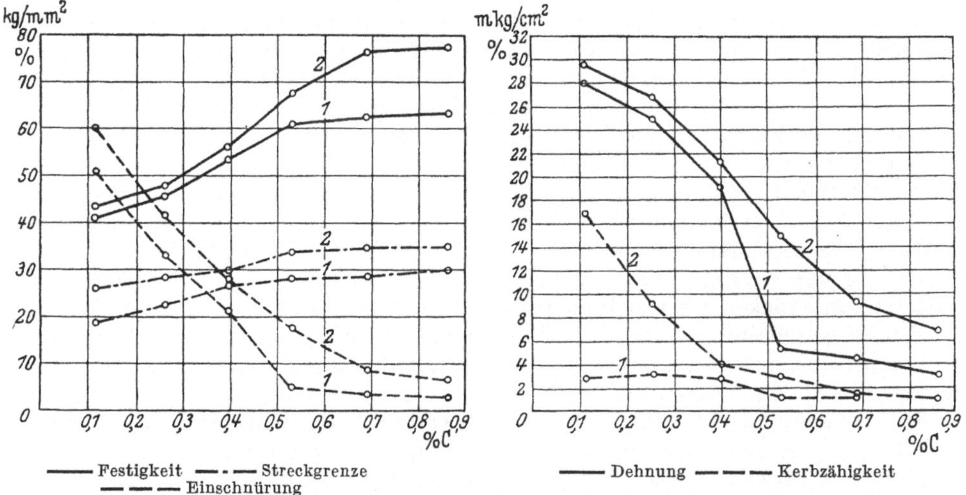

Abb. 16. Gütewerte von Stahlguß, *1* = ungeglüht *2* = geglüht (P. OBERHOFFER).

es mit einer über der oberen kritischen Abkühlungsgeschwindigkeit des Stahles liegenden Geschwindigkeit abgekühlt. Als Abschreckmittel kommt je nach der notwendigen Mindestabkühlungsgeschwindigkeit Wasser, Öl oder Luft in Frage. Die Höhe der Anlaßtemperatur richtet sich nach dem gewünschten Gefügezustand bzw. den geforderten Festigkeitseigenschaften. Bei niedrigen Anlaßtemperaturen wird allerfeinstes (Abb. 15i), bei mittleren feinstes (Abb. 15h), bei höheren sehr feines Vergütungsgefüge (Abb. 15g) erzielt. Im ersten Fall ist das Gußstück „hart“-, im zweiten „zähhart“- und im dritten „zäh“- oder „weich“-vergütet. Die Anlaßtemperatur wird solange aufrechterhalten, bis der Gleichgewichtszustand eingetreten ist. Die Abkühlung erfolgt am besten durch Luftsturz. Bei Ofenabkühlung kann sich Anlaßsprödigkeit einstellen. Ob dies der Fall ist, hängt ab von der Zusammensetzung und von der Güte des Stahles. Mn und Cr begünstigen die Anlaßsprödigkeit. Ist das Gußstück nach dem Luftsturz nicht spannungsfrei, so muß es noch bei einer unter der Anlaßtemperatur liegenden Temperatur entspannend geglüht werden.

Durch das Vergüten kann, wie Tab. 14 und Abb. 3 zeigen, die Festigkeit innerhalb bestimmter Grenzen geändert werden, ohne daß die Zähigkeit zu stark abfällt. Infolge der sehr feinen Ausbildung des perlitischen Gefüges sind die mechanischen Eigenschaften des Gußstückes im zähvergüteten Zustand besser als im normalgeglühten. Das Vergüten wird nach dem Vorschruppen des Gußstückes durchgeführt. Die Zugaben für das Fertigbearbeiten müssen noch so groß sein, daß trotz des beim Härten möglichen Verziehens noch ein maßgerechtes Werkstück erhalten wird.

23. Wärmebehandlungen zur Erzielung eines im Kern zähen, an der Oberfläche verschleißfesten Zustandes. Dieser Zustand wird bei Gußstücken verlangt, die wechselnden und stoßweisen Beanspruchungen ausgesetzt und im einzelnen Teile auf Verschleiß beansprucht sind. Sie können aus Einsatz-,Nitrier- oder Vergütungsstahl hergestellt werden. Die Gußstücke aus Einsatzstahl werden einsatzgehärtet, jene aus Nitrierstahl werden vergütet und nitiriert, die aus Vergütungsstahl werden normalgeglüht oder vergütet und oberflächengehärtet.

a) *Einsatzhärtung.* Das aus Einsatzstahl angefertigte Gußstück wird zuerst fertig bearbeitet. Ist der Einsatzstahl im Gußzustand schwer bearbeitbar, so wird das Gußstück vorher weich geglüht. Das fertig bearbeitete Gußstück wird in einer C-abgebenden Packung so lange über A_{c3} geglüht, bis es an der Oberfläche der aufzukohlenden Teile in der gewünschten Tiefe auf etwa 1% C aufgekohlt ist. Die übrigen Teile sind durch einen keramischen Überzug oder durch Wasserglasanstrich oder durch Verkupferung vor der Aufkohlung geschützt. Nach dem Aufkohlen läßt man die Stücke in der Packung erkalten. Es folgt dann je nach der gewünschten Zähigkeit des Kernes entweder ein einmaliges Härten bei der über A_{c1} liegenden Härtetemperatur des aufgekohlten Randes, oder eine zweimalige Härtung. Erste Härtung bei der Härtetemperatur des Einsatzstahles — A_{c3} —, zweite Härtung bei der Temperatur des aufgekohlten Randes. Bei verwickelt gestalteten Gußstücken wird zwischen beide Härtungen ein entspannendes Glühen bei 600° eingeschaltet. Beim einmaligen Härten ist der Kern abgeschreckt, beim zweimaligen ist er vergütet. Er ist in diesem Falle zäher. Das Gußstück ist in keinem Fall spannungsfrei.

b) *Vergüten und Nitrieren.* Das aus Nitrierstahl hergestellte unter Umständen vorher weichgeglühte Gußstück wird vorgeschruppt, vergütet, fertigbearbeitet und zum Schluß nitriert. Das Nitrieren erfolgt durch 48 ··· 96stündiges Glühen des Gußstückes in einem Elektroofen bei 500 ··· 550° in einer Ammoniakatmosphäre; abgekühlt wird langsam im Ofen. Durch das Nitrieren wird die Oberfläche glashart, während der Kern unverändert zähe bleibt. Das Gußstück ist spannungsfrei.

c) *Normalglühen oder Vergüten und Oberflächenhärten.* Das Gußstück ist in diesem Falle aus einem normalen Vergütungsstahl hergestellt. Es wird zuerst normalgeglüht oder vergütet, dann wird es fertigbearbeitet, hierauf erfolgt die Oberflächenhärtung der Teile, die verschleißfest sein müssen. Sie werden mit Hilfe eines autogenen Brenners oder der induktiven elektrischen Heizung schrittweise oder auf einmal oberflächlich bis auf die gewünschte Härtetiefe auf Härtetemperatur gebracht und sofort mit Wasser abgeschreckt. Die gehärtete äußere Zone ist verschleißfest, der unverändert gebliebene Kern ist zähe. Zwischen beiden liegt eine Übergangszone mit troostitischem und sorbitischem Gefüge. Das Gußstück ist nicht spannungsfrei.

24. Abschrecken. Gußstücke aus austenitischem Mn-, CrMn- oder CrNi-Stahl werden zur Erzielung eines rein austenitischen Gefüges bei Temperaturen von 1000 ··· 1150° im Wasser, falls dabei ein Verziehen zu befürchten ist, im Luftstrom abgeschreckt. Es gehen beim Erhitzen auf die genannten Temperaturen die im Gußgefüge vorhandenen Korngrenzenkarbide (Abb. 17a) in die feste Lösung (Abb. 17b) über, in der sie durch das Abschrecken auch weiterhin verbleiben. Die Gußstücke werden anschließend noch entspannend geglüht.

25. Inkromieren. Durch diese Wärmebehandlung wird das aus weichem, unlegiertem IK-(Inkromierungs-) Stahl hergestellte blanke fertigbearbeitete Gußstück oberflächlich hoch mit Cr legiert, so daß es korrosions- und zunderfest wird. Es wird in einer Chromchloridatmosphäre bei etwa 1000° geglüht, wobei es bis über 30% Cr bis zu einer bestimmten Tiefe aufnimmt. Dem Chromieren folgt im Bedarfsfall noch ein Normalglühen zur Verfeinerung des unlegierten Kernes.

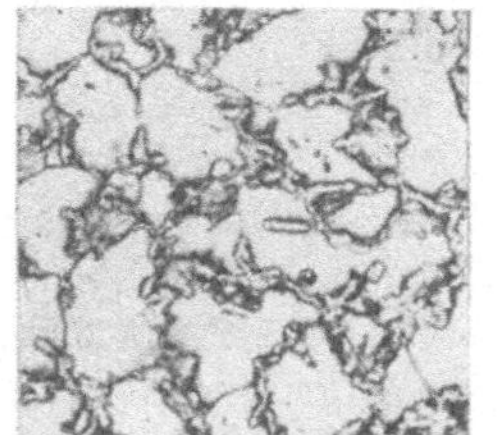

Abb. 17. Mn-Hartstahl. Mn = 12%. a Gußgefüge, b bei 1000° abgeschreckt.

26. Alitieren heißt den blanken fertigbearbeiteten unlegierten Stahlguß bei Temperaturen von über 900° in einer im wesentlichen aus Al-Pulver bestehenden Packung in neutraler Atmosphäre glühen. Es bildet sich dadurch an der Oberfläche eine Fe-Al-Legierung, die das Gußstück dadurch zunderfest macht, daß bei seinem Gebrauch an der Oberfläche eine Tonerdeschutzschicht entsteht.

VI. Prüfung und Abnahme.

Für die Prüfung und Abnahme gelten nach DIN 1681, DIN 17245 und nach anderen Vorschriften die folgenden Regeln: Das Gußstück muß frei von Gußfehlern sein, die seine Verwendung beeinträchtigen. Solche Fehler dürfen nur mit ausdrücklicher Genehmigung des Bestellers ausgebessert oder verdeckt werden. Nach einer Schweißung sind die Stücke aus unlegiertem Stahlguß normalzuglühen. Gußstücke aus warmfestem Stahlguß sind einer mit dem Besteller zu vereinbarenden Wärmebehandlung zu unterziehen. Untergeordnete Gußfehler, wie kleine Sand- und Schlackenstellen, kleine Kaltschweißen, Schülpen und Schönheitsfehler können belassen werden, wenn der Besteller keine gegenteilige Forderung gestellt hat.

Das Stückgewicht darf das errechnete Gewicht (Einheitsgewicht 7,85 kg/dm³) oder das Gewicht eines maßhaltigen Abgusses um 7% nicht überschreiten. Das Gußstück darf jedoch, sofern keine besonderen Vereinbarungen getroffen wurden, erst bei 15% Übergewicht verworfen werden.

Bei Bestellung ist die Markenbezeichnung anzugeben und die Abnahmeprüfung vorzuschreiben. Die vereinbarten Festigkeiten gelten für den normalgeglühten oder vergüteten praktisch spannungsfreien Zustand. Wird beim warmfesten Stahlguß vollkommene Spannungsfreiheit verlangt, so muß dies in der Bestellung vorgeschrieben werden. Die Festigkeiten sind an anzugießenden Probestücken zu bestimmen, deren Dicke der maßgeblichen Wandstärke gleichkommt. Diese Proben dürfen erst nach der Wärmebehandlung und Abstempelung abgetrennt werden. Ist eine frühere Abtrennung infolge der mechanischen Verarbeitung notwendig, so sind die Proben mit den Gußstücken der Wärmebehandlung zu unterziehen. Ist ein Angießen von Probestäben nicht möglich, so dürfen getrennt gegossene Probestäbe verwendet werden, die mit den zugehörigen Gußstücken wärmezubehandeln sind. In diesem Falle können die Proben für den Zug- und Biegeversuch, sowie für die Kerbschlagprobe auch dem Gußstück selbst entnommen werden. Die Entnahmestelle ist jedoch mit der Gießerei zu vereinbaren. Es ist soviel Probenwerkstoff vorzusehen, daß alle vorgeschriebenen Erprobungen — einschließlich etwaiger Ersatzversuche — durchgeführt werden können. Entstammen alle Stücke einer Schmelzung, so ist je 2500···3750 kg ein Probensatz zu entnehmen. Entstammen sie mehreren Schmelzen, so ist je 1500···2250 kg ein Probensatz zu entnehmen. Beim warmfesten Stahlguß kann bei wichtigen Stücken eine Einzelprüfung erfolgen.

Der Zugversuch ist nach DIN 50145 mit dem kurzen Normal- oder Proportionalstab (rund oder flach) nach DIN 50125 durchzuführen.

Die Warmstreckgrenze ist nach DIN 50112, die Dauerstandfestigkeit nach DIN 50117 bis 19 festzustellen. Meist wird der Nachweis für eine bei der Bestellung festzulegende Temperatur genügen.

Die Kerbzähigkeit ist je nach Auftraggeber mit der VGB-Probe zu ermitteln. Ist ihre Entnahme nicht möglich, so kommt die DVM-Probe in Frage.

Der Faltversuch ist mit allseitig bearbeiteten, mit leicht gebrochenen Kanten versehenen quadratischen Proben auszuführen, die der maßgebenden Wandstärke entsprechen, jedoch keinen größeren Querschnitt als 30 × 30 mm haben dürfen.

Genügt eine Probe nicht, so müssen für sie zwei Ersatzproben geprüft werden, die beide entsprechen müssen.

Falls ein Innendruckversuch notwendig ist, sind die anzuwendenden Druckmittel, Druckhöhe und Druckdauer bei der Bestellung zu vereinbaren.

Besondere Erprobungen, wie Klang-, Fall, Schlagprobe (Tab. 5) sind bei der Bestellung zu vereinbaren, Stahlgußketten und -Anker werden einem Zugversuch unterworfen. Mit dem Anker wird eine besondere Fallprobe, mit einzelnen Kettengliedern ein Schlagbiegeversuch durchgeführt.

Für die Probenahme zur Ermittlung der Schmelzanalyse des Stahlgusses gelten die vom Verein Deutscher Eisenhüttenleute ausgearbeiteten Richtlinien.

Lunkergefährdete Gußstücke werden, falls der Hersteller eine Röntgenanlage besitzt, mit dieser auf Lunker untersucht. Ist dies nicht möglich, so können sie nach den Vorschriften des Büro Veritas im Einvernehmen mit dem Hersteller an den lunkergefährdeten Stellen angebohrt werden. Die Löcher sind mit Gewinden zu versehen und mit Gewindestopfen zu schließen. Für die Prüfung auf Gußrisse kommt das Magnetpulververfahren in Frage. Es zeigt auch die Anrisse der Gußhaut an. Durch ihr Wegschleifen an diesen Stellen ist festzustellen, ob es sich nur um Anrisse der Gußhaut, oder ob es sich um Gußrisse handelt.

Zweiter Teil.

Temperguß.

I. Was ist Temperguß?

Temperguß (GT[1]) ist in Formen vergossenes weiß erstarrendes Gußeisen mit 2···3,5% C. Dieser Temperrohguß genannte Guß ist mit Ausnahme des Rohgusses für den Bohrguß graphitfrei, er ist in allen Fällen nicht schmiedbar und kaum bearbeitbar. Er wird entweder durch langandauerndes entkohlendes Glühen, (Glühfrischen) d.i. Glühen in einer oxydierend wirkenden, eisenoxydhaltigen Packung oder in einer oxydierend wirkenden Atmosphäre durch gänzliche oder teilweise Entkohlung in weißen Temperguß (GTW), Abb. 18a, oder durch langandauerndes nicht entkohlendes Glühen, d.i. Glühen in neutraler Packung (Sand- oder Schlackenpackung) oder in neutraler Atmosphäre durch den Zerfall des Eisenkarbides in Eisen und Temperkohle in den schwarzen Temper-

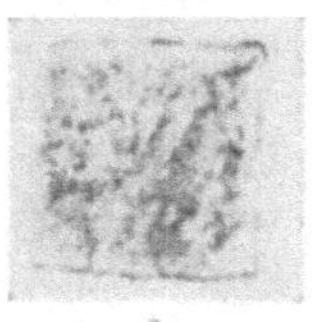
a

b

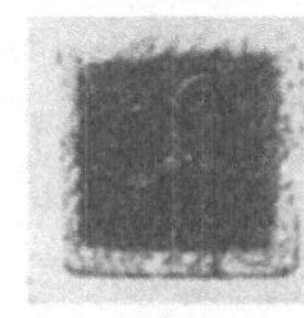
c

Abb. 18. Bruchaussehen von Temperguß.

[1] Gußzeichen nach DIN 17006, Blatt 4.

guß (GTS) oder Schwarzguß, Abb. 18b, übergeführt. Die Bezeichnung schwarz und weiß bezieht sich auf das Bruchaussehen des Gusses. Das Glühen wird mitunter so ausgeführt, daß der Schwarzguß am Rande entkohlt und damit dort weiß wird. Diese Übergangsart vom weißen zum schwarzen Temperguß wird Schwarzkernguß, Abb. 18c, genannt.

II. Geschichte und Statistik.

Die ältesten Urkunden, die einen Schluß auf die Zeit der Einführung des Tempergusses zulassen, sind die englischen Patentschriften, die dem Prinzen Ruprecht von der Pfalz am 1. XII. 1670, 6. V. 1671 und 1. XII. 1671 erteilt wurden. Réaumur hat als erster im Jahre 1722 die technische Durchführung der Tempergußerzeugung in einer wissenschaftlichen Abhandlung beschrieben. Sein Verfahren kam zunächst in Vergessenheit. Die Erzeugung von Temperguß wurde in England 1803, Deutschland 1804, Belgien und Frankreich 1818, Österreich 1820 und in den USA 1830 aufgenommen.

Zuerst wurde der Tiegelofen als Schmelzofen verwendet. In den siebziger Jahren des vorigen Jahrhunderts wurde, und zwar zuerst in Belgien, auch der Gießerei-Schachtofen herangezogen. Der Siemens-Martin-Ofen wurde zum ersten Male in der Tempergießerei Fischer, Traisen (Nieder-Donau) verwendet. Die weiteren Schmelzverfahren wurden in den folgenden Jahren in der Tempergießerei eingeführt: Klein-Konverter 1897, Elektroofen 1910, ölgefeuerter Trommelofen 1912, kohlenstaubgefeuerter Trommelofen 1927.

In Deutschland wurden 1936 109540 t, und zwar vorwiegend weißer Temperguß erzeugt, in den USA 1,3 Mill. t, vorwiegend Schwarzguß, England 70000 t, Frankreich 20000 t, Belgien 8000 t, Schweden 6000 t.

III. Einteilung und Zusammensetzung.

27. Einteilung. Der Temperguß wird nach seinem Bruchaussehen in weißen, schwarzen und Schwarzkern-Temperguß eingeteilt. Eine Abart des schwarzen Tempergusses ist der zur Herstellung von Schlüsseln verwendete Bohrguß, der zur Verbesserung seiner Bohrarbeit neben der Temperkohle geringe Graphitmengen enthält, die mit dem freien Auge nicht sichtbar sind.

Weißer-, Schwarzkern-Temperguß und Bohrguß werden nur unlegiert hergestellt, schwarzer Temperguß wird mitunter legiert, so daß er in unlegierten und legierten Schwarzguß zu unterteilen ist.

Der weiße und der unlegierte schwarze Temperguß werden nach DIN 1692 in die Güteklassen „handelsüblich" und „hochwertig" (s. Tab. 17, S. 51) eingeteilt.

28. Zusammensetzung. Der unlegierte Temperrohguß enthält neben dem C noch Si $< 4\%$, Mn $< 1{,}5\%$ als gewollte und P, S und andere Bestandteile als ungewollte Elemente. Seine von der Gattierung und dem Schmelzverfahren abhängende Zusammensetzung muß so gewählt werden, daß er mit Ausnahme der Bohrrohgüsse weiß erstarrt, und daß beim Tempern der Zerfall des Eisenkarbids, beim Glühfrischen die Entkohlung möglichst rasch vor sich geht.

Der legierte schwarze Temperguß enthält neben C, Si $> 4\%$, Mn $> 1{,}5\%$ noch Cu, Cr und andere Elemente als gewollte Begleiter. Seine Zusammensetzung muß ebenfalls so sein, daß er weiß erstarrt und leicht temperbar ist.

Über den Einfluß der einzelnen Begleiter des Eisens auf das Verhalten des Rohgusses beim Erstarren, Tempern und Glühfrischen sowie auf die Eigenschaften des Tempergusses ist das folgende zu sagen:

Kohlenstoff. Mit steigendem Kohlenstoffgehalt erniedrigt sich der Schmelzbereich des Roheisens, es verbessert sich damit sein Formfüllungsvermögen. Er erhöht seine Neigung zum grauen Erstarren sowie seine Glühdauer und Glühtemperatur. Er vermindert infolge der stärkeren Unterbrechung der metallischen Grundmasse des Tempergusses dessen Zugfestigkeit um 1,25 kg/mm² je 0,1% C. Der Kohlenstoffgehalt des Rohgusses soll daher nur so hoch sein, wie es zum Vergießen der Schmelze notwendig ist. Das Formfüllungsvermögen der Schmelze kann durch stärkere Überhitzung verbessert werden. Der Grad der Überhitzung hängt von der erzielbaren höchsten Ofentemperatur ab. Der zulässige Mindestkohlenstoffgehalt liegt daher bei den einzelnen Schmelzverfahren verschieden hoch. Er ist bei den Schachtofenschmelzen höher als bei den anderen Schmelzöfen. Im Schachtofen ist es infolge der innigen Berührung des Einsatzes und des Schmelzgutes mit dem Koks nicht möglich. unter 2,8% C zu kommen. Auch die Gestalt und Wandstärke des Tempergußstückes haben einen Einfluß auf den mindest notwendigen Kohlenstoffgehalt des Rohgusses. Bei schwierig vergießbaren Gußstücken muß er etwas höher als bei leicht vergießbaren sein (s. Tab. 15).

Tabelle 15. *Beziehungen zwischen Wandstärke, Kohlenstoff und Silizium.*

Wandstärke in mm	C %	Si %
3···5	3···2,8	1,25···1,0
5···7	2,8···2,7	1,0···0,9
7···10	2,7···2,6	0,9···0,8
10···15		0,8···0,7
15···20	2,6···2,5	0,7···0,6
>20		0,6···0,5

Silizium verbessert das Formfüllungsvermögen, es begünstigt die Graphitausscheidung beim Erstarren, beschleunigt den Zerfall des Eisenkarbids und verzögert etwas die Entkohlung. Mit Ausnahme bei dem Bohrguß, der einen geringen Graphitgehalt aufweisen darf, muß bei den übrigen Tempergußarten der Siliziumgehalt so gewählt werden, daß ihr Rohguß vollkommen weiß erstarrt. Er kann bei gleicher Wandstärke um so höher sein, je niedriger der Kohlenstoffgehalt des Rohgusses ist. Mit zunehmender Wandstärke wird die Erstarrung langsamer und damit die Neigung zur Graphitausscheidung größer. Bei gleichem Kohlenstoffgehalt muß daher der Siliziumgehalt niedriger gehalten werden. Tab. 15 gibt nach Stotz die für die verschiedenen Wandstärken zulässigen Silizium- und Kohlenstoffgehalte wieder. Beim weißen Temperguß sollen der Zerfall des Eisenkarbides und die Verbrennung der Temperkohle gleichzeitig verlaufen. Damit das Karbid nicht zu rasch zerfällt, wird beim weißen Temperguß der Si-Gehalt niedriger als beim Schwarzguß gehalten. Im Bohrguß muß er etwas höher sein, damit die Graphitausscheidung eintritt. Silizium erhöht die Zugfestigkeit des Ferrits um etwa 1 kg/mm² je 0,1% Si, ohne die Dehnung herabzusetzen. Es erhöht das Verhältnis der Streck- zur Bruchgrenze und vergrößert etwas die Härte.

Mangan verzögert die Graphitausscheidung beim Erstarren, den Zerfall des Eisenkarbids und die Entkohlung beim Glühen. Es bindet den Schwefel und schaltet damit dessen verzögernde Wirkung auf den Zerfall des Eisenkarbids aus. Der Mangangehalt des Rohgusses wird daher so hoch gewählt, daß der gesamte Schwefel desselben als MnS vorhanden ist. Dies wird nach Gilmore erreicht, wenn zwischen Mn und S das folgende Verhältnis besteht:

$$\mathrm{Mn} = 1{,}7\ \mathrm{S} + 0{,}25.$$

Das Mangan, das den Schwefel bindet, erniedrigt durch diese Bindung die Festigkeit des Gusses etwas, steigert aber seine Dehnung. Das überschüssige Mangan, das sich mit dem Ferrit legiert, erhöht dessen Zugfestigkeit um 1 kg/mm² je 0,1%. Bis 1% hat es keinen nachteiligen Einfluß auf die Dehnung des Tempergusses.

Schwefel verzögert in der Form von FeS den Zerfall des Eisenkarbids beim Erstarren und beim Tempern. Er macht das Eisen dickflüssig und damit schwer vergießbar. Seine ungünstige Wirkung auf den Zerfall des Eisenkarbids beim Tempern kann durch das Mangan ausgeschaltet werden. Das MnS schwächt jedoch die metallische Grundmasse, da es in derselben in Form von nichtmetallischen Einschlüssen auftritt. Bis 0,2% S steigt die Festigkeit des Gusses auch bei gleichzeitigem Absinken der Dehnung, über 0,2% fällt die Festigkeit ab. Der Schwefelgehalt des Tempergusses soll daher 0,2% nicht übersteigen. In Rohrverbindungsstücken ist der Höchstschwefelgehalt erwünscht, da er ihre Zerspanbarkeit erleichtert. Die Höhe des Schwefels richtet sich nach dem Schmelzverfahren und der Gattierung. Schachtofentemperguß hat infolge des Schwefelzubrandes aus dem Koks einen höheren Schwefelgehalt und daher auch einen höheren Mangangehalt als der der anderen Schmelzöfen.

Phosphor erhöht das Formfüllungsvermögen. Auf die Graphit- und Temperkohleausscheidung hat er nahezu keinen Einfluß. Er setzt bei Gegenwart von gebundenem Kohlenstoff die Schlagfestigkeit des Tempergusses herab und macht ihn kaltbrüchig. Sein Gehalt soll daher bei weißem Temperguß 0,15% nicht übersteigen. Im schwarzen Temperguß kann er bis 0,2% betragen.

Sauerstoff in Form von im Eisen gelöstem FeO macht die Schmelze dickflüssig und den Temperguß brüchig, außerdem verzögert er den Eisenkarbidzerfall wesentlich. Es muß daher beim Schmelzen darauf geachtet werden, daß keine Sauerstoffaufnahme erfolgt.

Sonderelemente: Es liegen eine Reihe von Untersuchungen vor über den Einfluß von Ni, Cr, Mo, Cu, Ti, V, Sn, Pb, Bi und anderen Elementen auf die Eigenschaften beider Arten des Tempergusses. Bisher hat nur das Cu und Cr eine praktische Verwendung als Legierungselement bei dem Schwarzguß für Automobilkurbelwellen gefunden.

Das Kupfer begünstigt den Zerfall des Eisenkarbides beim Tempern, es erhöht ab 0,6% die Festigkeit, bei 2,5% wird der Höchstwert erreicht.

Chrom verzögert die Temperkohleausscheidung und erhöht die Festigkeit des Gusses.

Die Zusammensetzung des schwarzen Tempergusses ist die gleiche wie die seines Rohgusses. Der Rohguß des weißen Tempergusses wird beim Glühfrischen

Tabelle 16. *Zusammensetzung des Tempergusses.*

Temperguß		C	Mn	Si	P	S	Cu	Cr
Weißer	Schachtofen	>0,2	>0,3	>0,6	<0,15	<0,20	0,2	—
	SM.-Ofen	je nach der Wandstärke	<0,3	>0,5		<0,08		—
	Tiegelofen		<0,3			<0,12		—
	Elektroofen		<0,3			<0,05		—
Schwarzer	Schachtofen	>2,8	<0,6	>0,6	<0,20	<0,20		—
	SM.-Ofen	>2,5	<0,3	>0,5		<0,08		—
Bohr-	Schachtofen	>2,8	<0,6	>1,1		<0,20		—
	Drehofen	>2,5	<0,4	>1,2	<0,20	<0,10		—
Schwarzer legierter		1,3	0,55	1,8	<0,1	<0,06	0,37	2,6

und Tempern vollkommen oder teilweise entkohlt. Die Höhe seines Durchschnittkohlenstoffgehaltes hängt von dem Grade der Entkohlung ab. Die übrigen Elemente erleiden bei dieser Wärmebehandlung keine Veränderung. Tab. 16 gibt eine Übersicht über die Zusammensetzung von schwarzem und weißem Temperguß, der in verschiedenen Öfen erschmolzen wurde. Sie gibt auch die Zusammensetzung des legierten schwarzen Tempergusses für Automobilkurbelwellen wieder.

IV. Eigenschaften und Verwendung.

29. Gefüge. Der Roheisenguß aller Tempergußarten hat ein untereutektisches oder unterledeburitisches Gefüge (Abb. 20). Seine Gefügebestandteile sind: Perlit (dunkle Felder), Erst- und Zweitzementit (helle Felder).

a) *Gefüge des weißen Tempergusses.* Bei dem Glühfrischen tritt der Zerfall des Zementites in Eisen und Temperkohle ein. Die letztere wird ebenso wie der Kohlenstoff des unzersetzten Karbids durch die Einwirkung der oxydierend wirkenden Gasphase allmählich verbrannt. Die Entkohlung schreitet vom Rande nach innen vorwärts. Bei sehr geringer Wandstärke und genügend langer Glühdauer wird der Kohlenstoff vollständig vergast. In diesem Falle hat der weiße Temperguß über den ganzen Querschnitt ein gleichmäßiges, und zwar ein ferritisches Gefüge. Bei unvollkommener Entkohlung ist nur der Rand ferritisch. Nach innen nimmt der Kohlenstoffgehalt zu, so daß neben dem Ferrit immer mehr Perlit auftritt. Der innerste Kern kann sogar reinperlitisch sein. In der perlitischen Zone sind auch noch Temperkohleausscheidungen anzutreffen, die nach innen zunehmen (Abb. 20). Der nicht vollkommen entkohlte Temperguß hat also ein ungleichmäßiges, von der Glühdauer und der Wandstärke abhängiges Gefüge.

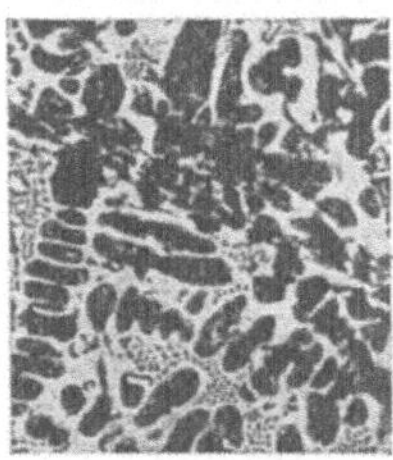

Abb. 19. Gefüge von Temperrohguß. V=100.

b) *Gefüge des schwarzen Tempergusses.* Das nicht entkohlende Glühen bewirkt nur den Zerfall des Eisenkarbides. Schwarzguß wird in der Regel, Bohr- und Schwarzkernguß werden immer so getempert, daß das gesamte Eisenkarbid des Rohgusses in Ferrit und Temperkohle zerlegt wird. Der Schwarzguß baut sich in diesem Falle in allen seinen Querschnitten aus einer ferritischen Grundmasse auf, in der die körnige Temperkohle eingebettet ist (Abb. 21). Bei geeigneter Zusammensetzung kann er auch so getempert werden, daß eine reinperlitische Grundmasse mit Temperkohleneinschlüssen entsteht. Der Bohrguß weist in der ferritischen Grundmasse neben der Temperkohle noch den bei der Erstarrung ausgeschiedenen Graphit auf. Der Schwarzkernguß hat in der entkohlten Randzone ein ferritisches Gefüge, daran schließt sich ein perlitischer Saum. Der schwarze Kern hat das gleiche Gefüge wie der

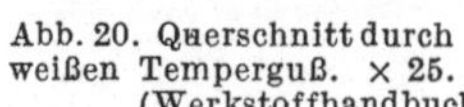

Abb. 20. Querschnitt durch weißen Temperguß. × 25.

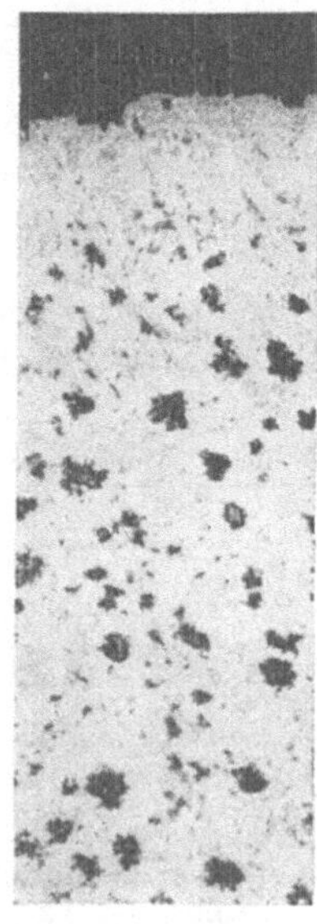

Abb. 21. Querschnitt durch Schwarzguß. × 25.

(Werkstoffhandbuch Stahl und Eisen.)

Schwarzguß. Bei sämtlichen Sorten des schwarzen Tempergusses ist die Art des Gefüges von der Wandstärke unabhängig.

30. Technologische Eigenschaften. Das weiße Roheisen ist im Vergleich zu dem Stahl leicht schmelz- und vergießbar. Es lunkert wie dieser stark. Bei hohem P-Gehalt weist der Rohguß und damit auch der fertige Temperguß Kristallseigerungen auf. Bei größeren Wandstärken treten auch noch Blockseigerungen in bezug auf P und S auf. Die feste Schwindung des Rohgusses, die linear 2% beträgt, wird durch die bei dem Glühfrischen und Tempern durch den Zerfall des Eisenkarbids hervorgerufene Volumenvergrößerung je nach der Wandstärke des Gußstückes teilweise oder vollkommen ausgeglichen. Das lineare Schwindmaß des weißen Tempergusses beträgt bei Wandstärken von 3 ··· 50 mm 2,5 ··· 0%, bei Schwarzguß liegt es in den Grenzen von 1 ··· 0%. Die Mindestwandstärke einfacher Stücke ist 2,5, bei verwickelten 4 mm. Die Bearbeitungszugaben müssen bei zu drehenden, hobelnden oder fräsenden Flächen 2 ··· 3 mm, bei zu schleifenden oder räumenden Flächen 0,3 ··· 1 mm betragen. Temperguß aller Art kann kalt verformt werden. Weitgehend entkohlter weißer Temperguß ist schmiedbar (warmverformbar). Schwarzguß aller Art und wenig entkohlter weißer Temperguß ist nur mit Vorsicht schmiedbar. Beim Erhitzen beider auf die Schmiedetemperatur besteht die Gefahr, daß eine Rückbildung des Zementites eintritt und der Guß wieder hart und damit brüchig wird.

Wenn keine konstruktiven Beanspruchungen vorliegen und keine Bearbeitung nötig ist, so können sowohl an dem weißen als auch an dem schwarzen Temperguß bei allen Wanddicken Schmelzschweißungen zur Beseitigung von Schönheitsfehlern, Haftschweißungen und Reparaturschweißungen vorgenommen werden. Liegen konstruktive Beanspruchungen vor und soll die Bearbeitbarkeit des Gußstückes gesichert sein, so kommt die Reparaturschweißung ebenso wie die konstruktive Schweißung nur für den weißen Temperguß mit Wanddicken bis 9 mm in Frage. Bei Wanddicken über 9 mm tritt beim Aufschmelzen während des Schweißvorganges eine Rückbildung von Fe_3C ein, wodurch harte Stellen entstehen. Schon bei der Bestellung der Gußstücke muß darauf hingewiesen werden, wenn das Gußstück für Reparatur- und konstruktive Schweißung geeignet sein muß. Der für die konstruktive und die Reparaturschweißung geeignete hochwertige weiße Temperguß erhält die Bezeichnung GTW 40. Seine chemische Zusammensetzung liegt in bestimmten Grenzen, insbesondere muß sein S-Gehalt niedrig sein. Die Schmelzschweißung des weißen Tempergusses wird autogen mit Gasüberschuß, sowohl als Kalt- als auch als Warmschweißung durchgeführt, die Verwendung von Schweißpulvern ist zu empfehlen. Die Schmelzschweißungen an dem schwarzen Temperguß werden elektrisch ausgeführt; falls mit Gleichstrom geschweißt wird, ist der + Pol an die Elektrode zu legen.

Weißer Temperguß kann bei allen Wandstärken weich-, bei den Wandstärken bis 6 mm auch hartgelötet werden. Schwarzer Temperguß kann sowohl weich- als auch hartgelötet werden, im letzten Fall soll die Temperatur 700° nicht übersteigen.

Weißer Temperguß ist bei entsprechendem C-Gehalt härt- und vergütbar. Entkohlter weißer Temperguß ist im Einsatz härtbar. Schwarzer Temperguß, sowie teilweise entkohlter weißer Temperguß, dessen ferritische Zone entfernt wurde, ist oberflächenhärtbar. Soll das getemperte Gußstück noch wärmebehandelt oder bearbeitet werden, so ist dies auf der Zeichnung, bei der Anfrage und bei der Bestellung, zu erwähnen.

Schwarzer Temperguß mit ferritischem Gefüge ist sehr gut zerspanbar. Bei weißem Temperguß hängt die Zerspanbarkeit von dem Gehalt an gebundenem C ab. Er ist jedoch auch bei reinferritischem Gefüge etwas schlechter als der Schwarzguß zu zerspanen.

31. Mechanische Eigenschaften. Tab. 17 gibt die Zug-, Biege- und Schwingungsfestigkeiten, sowie die Biegewinkel der verschiedenen Güteklassen des Tempergusses wieder, die in DIN 1692 festgelegt sind. Da sich bei dem weißen Temperguß die Festigkeit mit der Wandstärke ändert, so sind für diesen Guß die Festigkeitswerte für die verschiedenen maßgebenden Wandstärken festgelegt. Mindestwerte für die Streckgrenze sind nur für den hochwertigen GTW und GTS gewährleistet. Die Festigkeit beider Arten des Tempergusses ist um so größer, je weniger die metallische Grundmasse durch Temperkohle und andere nichtmetallische Einschlüsse unterbrochen wird. Die Größe der Temperkohlenknötchen ist auf die Festigkeit nahezu ohne Einfluß. Wird der Zerfall des Eisenkarbides des Schwarzgusses nur bis zum Perlit durchgeführt, so steigt seine Zugfestigkeit bis auf 70 kg/mm² an, bei einer Streckgrenze von mindestens 40 kg/mm² und einer Dehnung bis 2%. Auch bei dem weißen Temperguß hängt die Festigkeit von der Höhe seines Gehaltes an gebundenen C ab. Sie kann bis auf 60 kg/mm² bei 5% Dehnung gesteigert werden. Schwarzkernguß hat die gleiche Festigkeit wie der Schwarzguß, seine Dehnung liegt um 2···3% höher. Der Elastizitätsmodul für Zug des Schwarzgusses wurde von SCHWARZ mit 17500 kg/mm² bestimmt.

Die Verdrehfestigkeit des schwarzen Tempergusses ist seiner Zugfestigkeit nahezu gleich. Das Verhältnis der Biege- zur Zugfestigkeit ist aus der Tab. 17 zu ersehen, die die von ROESCH an beiden Gußarten ermittelten Biege- und Biegewechselfestigkeiten wiedergibt. ROLL hat an unbearbeiteten und polierten Gußstäben beider Gußarten die folgenden Dauerfestigkeiten ermittelt:

Art der Dauerfestigkeit	GTW unbearb.	GTW poliert	GTS unbearb.	GTS poliert
Biegewechselfestigk. kg/mm²	14	17	13	15
Verdrehwechselfestigk. kg/mm²	14	16	12	13

Beide Arten der Dauerfestigkeit sind also bei beiden Gußarten nahezu gleich. POMP und HEMPEL haben festgestellt, daß die Verdrehwechselfestigkeit des schwarzen Tempergusses größer ist als seine Zug-Druck-Wechselfestigkeit. Er verhält sich diesbezüglich günstiger als Stahl, bei welchem das umgekehrte der Fall ist.

Schwarzer und weißer Temperguß weisen eine mäßige Kerb- und Gestaltsempfindlichkeit auf. Schwarzer Temperguß besitzt auch noch gute Laufeigenschaften, so daß er ein sehr gut geeigneter Werkstoff für Kurbel- und Nockenwellen ist. Auch als Lagerwerkstoff kann er Verwendung finden.

Die Schlagfestigkeit des Tempergusses fällt mit dem zunehmenden Gehalt an gebundenem C ab. Bei ferritischem Schwarzguß wird mit ungekerbten Vierkantstäben von 10×10 mm Querschnitt eine Schlagfestigkeit von 17,5 mkg/cm² erreicht. An gekerbt glühgefrischten Proben wurden bei 5 mm Dicke Kerbzähigkeiten von über 10 mkg/cm² festgestellt, bei 10 mm Dicke fielen sie auf 3,5 mkg/cm² ab.

32. Physikalische und chemische Eigenschaften. Die Wichte liegt in den Grenzen von 7,2···7,6 kg/dm³. Bei den Gewichtsberechnungen kann mit 7,4 kg/dm³ gerechnet werden. Die Brinellhärte des Schwarzgusses liegt in den Grenzen von $H_n = 110 \cdots 140$. Der weiße Temperguß hat in der ferritischen Randzone eine Brinellhärte $H_n = 125$, sie steigt nach innen bis auf $H_n = 220$ an. Durch die Oberflächenhärtung kann die Härte des Schwarzgusses bis auf $H_n = 600$ gesteigert werden.

Für den Schwarzguß mit ferritischer Grundmasse und den vollkommen entkohlten weißen Temperguß werden nach DIN 1692 die folgenden Werte für die magnetische Induktion (CGS-Einheiten) gewährleistet:

B 25	B 50	B 100
11500	12500	13500

Temperguß rostet von allen unlegierten Eisensorten am wenigsten. Sein diesbezügliches günstiges Verhalten macht ihn in manchen Fällen (Schiebergehäuse, Kesselwasserspeicherungen und andere) als Austauschwerkstoff für Bronze geeignet.

33. Verwendung. Der Temperguß kommt für jene Werkstücke in Frage, die sich infolge ihrer geringen Wandstärke oder ihrer verwickelten Form aus Stahl nicht vergießen lassen, aus Grauguß wegen der notwendigen Festigkeit und Zähigkeit, als Schmiedestück wegen der hohen Kosten nicht hergestellt werden können. In den Vereinigten Staaten werden aus Schwarzguß auch Stücke bis 100 kg und mehr Gewicht hergestellt. Die Frage, ob weißer oder schwarzer Temperguß verwendet werden soll, hängt von der gewünschten Festigkeit und davon ab, ob gleichmäßige Festigkeit in allen Teilen des Gußstückes notwendig ist. Tab. 17 gibt an, für welche Zwecke der Temperguß verwendet wird.

Tabelle 17. *Festigkeitszahlen des Tempergusses*[1].

nach DIN 1692[3]								nach ROESCH			
Art	Güteklasse		Maßgeb. Wardstärke d. Gußstückes	Probestab	Mindest-			Biege-[2])		Schwingungsfestigkeit	Verwendung
	Bezeichnung	Benennung			Streckgrenze	Bruchgrenze	Dehnung	festigkeit	winkel		
			mm	mm	kg/mm²	kg/mm²	%	kg/mm²	°	kg/mm²	
weißer Temperguß	GTW 35	handelsüblich	4—9	9	—	34	6	50—60	30—40	12	Schloß-, Gewehr-, Fahrradteile, Beschläge von Fenstern, Wagentüren, Riemenverbinder, Faßspundbüchsen, Schnallen, Drehherze, Autoheber, Schraubenzwingen, Schraubenschlüssel, Rädchen, Unterlagscheiben, Stellringe u. andere
			über 9—13	12	—	35	4				
			über 13—18	15	—	36	3				
			über 18—40	18	—	36	3				
	GTW 40	hochwertiger	4—9	9	21	38	10	60—65	50—60	13—16	Isolatorkappen, Motorrad-, Automobilteile, Teile v. landwirtschaftlichen, Textil-, Strick-, Stick-, Haushaltungsmaschinen, Rohrverbindungsstücke (Fittings), Muffen
			über 9—13	12	22	40	5				
			über 13—18	15	22	41	3				
			über 18—40	18	22	41	3				
schwarzer Temperguß	GTS 35	handelsüblich	—	—	—	35	10	50—60	30—60	12—14	Wie oben, jedoch auch dickwandigere Maschinenteile
	GTS 38	hochwert.	—	—	22	38	12				

[1] Die Prüfung weiterer Werkstoffeigenschaften muß schon bei der Bestellung mit der Gießerei vereinbart werden, dies ist auch bezüglich der Vorschriften für besondere Dichtigkeit notwendig. Bei wichtigen und hochbeanspruchten Gußstücken können von Fall zu Fall Prüfungen vereinbart werden, durch welche festgestellt wird, ob die Gußstücke einwandfrei und gleichmäßig durchgetempert sind.

[2] 10 mal 15 mm, Auflagerentfernung 160 mm. [3] Siehe die Anmerkung unter Tabelle 3, Seite 9.

V. Erzeugung des Tempergusses.

A. Gestaltung des Tempergußstückes.

Bei dem Entwurf des Tempergußstückes müssen die gleichen Forderungen wie bei dem Entwurf des Stahlgußstückes erfüllt werden. Das Gußstück muß beanspruchungs-, gieß-, modell-, einform-, putz-, glüh-, prüf- und werkzeuggerecht sein. Es ist dann in der Güte einwandfrei und billigst herstellbar.

B. Herstellen der Form.

Die Tempergußform wird grundsätzlich in der gleichen Art angefertigt wie die Form für Kleinstahlguß. Zu ihrer Herstellung werden Modelle, Form- und Kernsand, Formkästen, Formwerkzeuge, Formmaschinen und Trockeneinrichtungen benötigt.

Die Tempergußstücke werden gewöhnlich in großen Stückzahlen bestellt. In diesem Fall wird zur Herstellung der Form eine Modellplatte aus Gußeisen oder aus Kunstmasse, wie Steinmasse oder Gips, verwendet. Die Modellplatte trägt nicht nur ein Modell, sondern so viele der gleichen oder verschiedener Art, wie in einem Formkasten Platz haben, damit der Formkastenraum vollkommen ausgenützt wird, und die Verluste durch die Eingüsse kleiner werden.

Als Formstoff wird magerer Formsand verwendet. Bei selbsttätiger Sandzufuhr wird mit einem Einheitssand gearbeitet, der eine Mischung von neu aufbereitetem magerem Quarzsand, aufbereitetem Altsand und Kohlenstaub ist. Durch den Kohlenstaubzusatz wird eine glatte Oberfläche der Gußstücke erzielt. Im anderen Fall wird der aufbereitete Neusand als Modell-, der aufbereitete Altsand als Füllsand verwendet. Die Aufbereitung des Formsandes muß sorgfältig durchgeführt und überprüft werden. Die Formen werden in der Regel grün vergossen, sie werden nur dann in Trockenöfen getrocknet, wenn Kokillen verwendet werden und die Abgüsse nicht zum Reißen neigen.

Die Kerne sind entweder grüne oder getrocknete Kerne aus magerem Quarzsand oder gebackene Kerne aus reinem Quarzsand und Kernbindemittel — Leinöl, Leinölersatz, andere Kernöle, Sulfitlauge und andere.

Das Einformen erfolgt von Hand mit der Maschine oder in Formkästen aus Grauguß. Bei Formen, die kastenlos vergossen werden, werden Formkästen mit Scharnieren verwendet, die nach dem Einformen abgewickelt werden. Ein Schlichten der Formen oder Kerne ist nicht notwendig.

Die Richtlinien für die Herstellung der Form sind die gleichen wie bei dem Stahlguß.

C. Herstellen des Schmelzgutes.

Das Herstellen des Schmelzgutes besteht im Einschmelzen des metallischen Einsatzes und im Überhitzen der Schmelze. Der Einsatz wird nach der gewünschten Zusammensetzung des Rohgusses und nach den Veränderungen, die er beim Schmelzen erfährt, aus den zur Verfügung stehenden Rohstoffen — Temper- und andere Roheisen, Rohgußabfälle, Tempergußabfälle, Stahlschrott und Ferrolegierungen — zusammengestellt.

34. Rohstoffe. a) *Roheisen.* Das Temperroheisen muß den an die Zusammensetzung des Rohgusses gestellten Anforderungen genügen. Es soll möglichst kohlenstoffarm sein und soll nicht mehr als 0,4% Mn, 1,5% Si, 0,1% P und möglichst wenig S enthalten. Als Zusatzroheisen zur Regelung des Siliziumgehaltes kommt manganarmes Hämatitroheisen in Frage. Zur Erniedrigung des Kohlenstoffgehaltes des Rohgusses wird beim Kupolofenschmelzen niedrig gekohltes

Sonderroheisen herangezogen. Tab. 18 gibt einen Überblick über die Zusammensetzung der Temper- und der Zusatzroheisen. Jede Tempergießerei wird von den einzelnen Sorten einen entsprechenden Vorrat auf Lager haben, damit sie den Einsatz entsprechend zusammenstellen kann.

Tabelle 18. *Deutsche Temper- und Zusatzroheisen.*

<table>
<tr><th>Roheisen</th><th>Herkunft</th><th colspan="2">Marke</th><th>C
%</th><th>Mn
%</th><th>Si
%</th><th>P
%</th><th>S
%</th></tr>
<tr><td rowspan="7">Temper-
roheisen</td><td rowspan="5">Duisburg
Kupfer-
hütte</td><td rowspan="5">Duisburger</td><td>weiß</td><td>3,4···3,8</td><td rowspan="5">0,3···0,35</td><td>0,8···0,5</td><td rowspan="5">< 0,07</td><td><0,12</td></tr>
<tr><td>weiß mit
Feinkorn</td><td>3,5···3,8</td><td>0,6···0,3</td><td><0,10</td></tr>
<tr><td>meliert</td><td>3,5···4,2</td><td>1,2···0,8</td><td><0,06</td></tr>
<tr><td>grau</td><td>3,6···4,0</td><td>1,0···4,0</td><td><0,035</td></tr>
<tr><td>grau
feinkörnig</td><td>4,0···4,5</td><td>1,0···4,0</td><td><0,035</td></tr>
<tr><td rowspan="2">Nieder-
rheinische</td><td colspan="2">—</td><td>3,9</td><td>0,3</td><td>0,9</td><td rowspan="2">< 0,06</td><td><0,080</td></tr>
<tr><td colspan="2">—</td><td></td><td>0,15</td><td>0,6</td><td>< 0,15</td></tr>
<tr><td rowspan="5">Zusatz-
roheisen</td><td rowspan="3">Duisburg
Kupfer-
hütte</td><td colspan="2">Silbereisen
weiß</td><td><2,8</td><td>1,0···3,0</td><td>0,9···1,2</td><td>< 0,09</td><td><0,04</td></tr>
<tr><td colspan="2">Silbereisen
grau</td><td><2,8</td><td>0,4···0,7</td><td>1,7···2,5</td><td>< 0,09</td><td><0,04</td></tr>
<tr><td colspan="2">Duisburger
niedrig gekohlt</td><td>2,4···2,6</td><td>0,5···3,0</td><td>0,5···1,5</td><td>< 0,07</td><td><0,035</td></tr>
<tr><td>Konkordia-
hütte</td><td colspan="2">C. H. Kohlenstoff
arm</td><td>2,6···2,8</td><td>0,4···1,2</td><td>1,2···1,8</td><td>< 0,10</td><td><0,04</td></tr>
<tr><td>—</td><td colspan="2">Deutscher Hämatit</td><td>3,5···4,0</td><td>0,8···1,2</td><td>2,0···4,0</td><td>< 0,10</td><td><0,05</td></tr>
</table>

b) *Rohgußabfälle.* In der Tempergießerei erhält man 30···70% des Schmelzgutes als Abfall in Form von Eingüssen, Steigern, verlorenen Köpfen, Saugnäpfen und als Rohgußausschuß. Sie werden sofort wieder als Einsatz verwendet. Ihr Anteil am Einsatz hängt von der Höhe des Ausbringens an Rohguß ab. Sie haben bis auf die geringe Veränderung, die beim Umschmelzen eintritt, schon die gewünschte Zusammensetzung. Es empfiehlt sich, die Rohgußabfälle vor dem Einschmelzen durch Scheuern von dem anhaftenden Formsand zu befreien.

c) *Tempergußabfälle.* Die Abfälle, die beim Tempern und Glühfrischen entstehen, werden ebenfalls wieder eingeschmolzen. Da ihr Kohlenstoffgehalt nicht immer gleich ist, müssen sie mit Vorsicht verwendet werden. Ihr Anteil am Einsatz soll 5% nicht übersteigen. Da ihr Anfall nicht groß ist, können sie ohne Schwierigkeit verarbeitet werden.

d) *Stahlschrott* wird zur Erniedrigung des Kohlenstoff-, Phosphor- und Schwefelgehaltes und zur Verbilligung des Einsatzes verwendet. Es darf nur stückiger, reiner, rostfreier Stahlschrott verarbeitet werden. In den Herd- und Trommelöfen sowie im Kupolofen können auch brikettierte rostfreie Stahlspäne eingesetzt werden. Der Stahlschrott für den Tiegelofen muß tiegelfertig zerkleinert sein. Der Anteil dieses Rohstoffes am Einsatz bewegt sich in den Grenzen von 5···20% Bei dem im Kupol- und Elektroofen durchgeführten synthetischen Verfahren wird neben dem Rohgußabfall nur Stahlschrott verwendet.

e) *Ferrolegierungen.* Genügt der Siliziumgehalt der angeführten Rohstoffe nicht, so wird das notwendige Silizium dem Einsatz in Form von 14% Ferrosilizium zugegeben. Werden bei einer Schmelze Gußstücke mit verschiedenen Wandstärken abgegossen, so wird ihr Siliziumgehalt der stärksten Wandstärke angepaßt. Der für die Gußstücke mit geringerer Wandstärke notwendige höhere Siliziumgehalt wird durch Zugabe von 90% Ferrosilizium in die Gußpfanne eingestellt. Ist ein Zusatz von Mangan notwendig, so wird es in Form von 80% Ferromangan zugegeben. Es wird auch zur Desoxydation der Schmelze im Flammofen verwendet. Desoxydieren ist auch mit Aluminium möglich.

35. Gattieren heißt den Einsatz aus den zur Verfügung stehenden Rohstoffen so zusammenstellen, daß die gewünschte Zusammensetzung des Rohgusses erzielt wird. Damit dies möglich ist, müssen die Veränderungen bekannt sein, die er beim Einschmelzen und Überhitzen der Schmelze durch die Einwirkung der Ofenatmosphäre und der Schlacke, beim Kupolofenschmelzen auch noch durch die Berührung mit dem Koks erfährt. Sie werden durch die chemische Untersuchung der Rohstoffe und des Rohgusses ermittelt. Jede Tempergießerei hat das Bestreben, den täglichen Anfall an Rohgußabfällen — bis 70% — regelmäßig zu verarbeiten. Die Höhe ihres Anteiles am Einsatz richtet sich daher nach dem Durchschnitt des Tagesanfalles. Der Rest des Einsatzes wird unter Berücksichtigung der Veränderungen des Gesamteinsatzes während des Schmelzens aus den zur Verfügung stehenden sonstigen Rohstoffen zusammengestellt.

36. Schmelzverfahren. Als Schmelzöfen werden in der Tempergießerei verwendet: Der Tiegel-, Gießereischacht-, Flamm- (einfacher kohle-, kohlenstaub- oder ölgefeuerter Herdofen, Siemens-Martinofen, öl- oder kohlenstaubgefeuerter Trommelofen) und der Elektroofen. Es wird auch nach Doppelschmelzverfahren gearbeitet wie: Gießereischachtofen-Kleinkonverter, Gießereischacht-Elektroofen.

In Deutschland, das hauptsächlich weißen Temperguß erzeugt, waren im Jahre 1935 die einzelnen Öfen mit den folgenden Hundertsätzen an der Tempergußerzeugung beteiligt: Gießereischachtofen 82,6, SM-Ofen 11,1, kohlenstaubgefeuerter Trommelofen 5,2, ölgefeuerter Trommelofen 0,3, Kleinkonverter 0,7 und Tiegelofen 0,1. Die Anteile der einzelnen Schmelzverfahren an der Tempergußerzeugung der Vereinigten Staaten waren im Jahre 1936 die folgenden: Flammofen kohlenstaubgefeuert 59,8, kohlegefeuert 5,2, ölgefeuert 3,0, insgesamt also 68,0%, SM-Ofen 2,7%, Gießereischachtofen 8,2%, Doppelverfahren Gießereischachtofen-Elektroofen 8,3% und Gießereischachtofen-Flammofen 12,7%. Daß in den Vereinigten Staaten der überwiegende Teil des Tempergusses im Flammofen erschmolzen wird, ist darauf zurückzuführen, daß dort hauptsächlich Schwarzguß erzeugt wird, und daß die durchschnittliche Tageserzeugung der einzelnen Gießereien weitaus größer als in Deutschland ist.

Die Auswahl des Schmelzverfahrens hängt von der Art der Erzeugung, der Art des Schmelzbetriebes (unterbrochen oder ununterbrochen), dem notwendigen Gewicht der Schmelze und der geforderten Güte des Erzeugnisses ab. Kommen mehrere Schmelzöfen gleichzeitig in Frage, so entscheiden die Selbstkosten, die durch die Kosten des Einsatzes, die Schmelzkosten und das Ausbringen an gesundem Guß bedingt sind. Tab. 19 gibt ein Bild über die Betriebsverhältnisse: Art des Einsatzes, Abbrand und Ausbringen an Schmelzgut, Ausschußgefahr beim Gießen, Ofengröße und Betriebsangaben der einzelnen Schmelzverfahren, die die Schmelzkosten beeinflussen. Ein höheres Ausbringen an gesundem Guß je 100 kg Schmelzgut ergibt Ersparnisse an Form- und Weiterbearbeitungskosten. Diese Ersparnisse müssen bei dem Kostenvergleich in Rechnung gestellt werden.

37. Tiegelschmelzen. Das Tiegelschmelzen ist das älteste Schmelzverfahren zur Erzeugung von Temperguß. Zum Schmelzen des Rohgusses wird der gleiche Tiegelofen wie für die Stahlerzeugung verwendet. Ist der Schmelzbetrieb ein unterbrochener, so kommt nur der koksgefeuerte Zug- oder Unterwindtiegelofen in Frage. Der Rohgußtiegel faßt bis zu 60 kg. Der Einsatz wird in die vorgewärmten Tiegel eingetragen, dabei wird der Stahlschrott zu oberst in den Tiegel eingesetzt.

Beim Einschmelzen brennt etwas Si und Mn aus. Im Verlauf der Schmelze wird aus der Tiegelwandung Silizium reduziert, so daß am Ende derselben sogar ein geringer Si-Zubrand festgestellt werden kann. P und S bleiben unverändert. Der Verlauf der Schmelze wird durch die Rutenprobe verfolgt. Die Schmelze ist gar, wenn an der Rute weder Eisen noch Schlacke hängenbleibt. Die Tiegel werden unmittelbar vergossen. Sie halten bis zu 20 Schmelzen. Weitere Betriebsangaben sind der Tab. 19 zu entnehmen.

Der Tiegeltemperguß ist von vorzüglicher Güte. Der Rohguß ist gut entgast und desoxydiert. Der Tiegelofen schmilzt infolge der Tiegelkosten und der kleinen Schmelzleistung teuer. Er kommt daher nur für die Erzeugung von hochwertigem Temperguß in Frage.

38. Gießereischachtofenschmelzen. Der Gießereischachtofen, der in der Tempergießerei verwendet wird, unterscheidet sich von dem der Graugießerei nur durch die Größe. Der Gießereischachtofen der Tempergießerei hat gewöhnlich nur einen Durchmesser von 600 ··· 700 mm. Ebenso wie in der Graugießerei wird auch in der Tempergießerei der Gießereischachtofen mit Winderhitzer vorteilhaft verwendet. Auch die basische Zustellung, die die teilweise Entschwefelung der Schmelze ermöglicht, kommt für die Tempergießerei in Frage. Der Ofen wird zweckmäßig mit Vorherd ausgestattet, da bei dieser Ausführung die Kohlenstoff- und Schwefelaufnahme kleiner und die Gleichmäßigkeit der einzelnen Ofenabstiche größer ist. Ist der Ofen so gebaut, daß in den Vorherd keine Schlacke einströmen kann, so kann das Schmelzgut in dem Vorherd mit Hilfe der Walterschen Briketts entschwefelt werden. In diesem Falle ist die Freiheit in der Auswahl der Rohstoffe größer.

In dem Gießereischachtofen wird entweder mit oder ohne Roheisen — synthetisch — gearbeitet. Bei dem synthetischen Arbeiten wird das fehlende Silizium in Form von Ferrosiliziumbriketts (EK-Briketts) in den Ofen eingesetzt. Zur Verschlackung der Koksasche wird etwas Kalkstein eingesetzt. Man setzt kleine Gichten und schmilzt so rasch wie möglich, um das Eisen vor der Oxydation, der Schwefel- und der zu starken Kohlenstoffaufnahme zu schützen. Das Eisen nimmt 50 ··· 100% des Koksschwefels auf, es ist daher dem Schwefelgehalt des Kokses das größte Augenmerk zu schenken. Bei dem Gießereischachtofenschmelzen ist mit vielen Zufälligkeiten zu rechnen, die, wenn nicht mit größter Sorgfalt gearbeitet wird, Ungleichmäßigkeiten der Erzeugung zur Folge haben. Bezüglich der Betriebsangaben wird auf Tab. 19 verwiesen. Der Gießereischachtofen schmilzt sehr billig, mit seiner Hilfe können alle Normgüteklassen hergestellt werden.

39. Allgemeines über das Flammofenschmelzen. Bei sämtlichen Flammöfen wird grundsätzlich in der gleichen Art gearbeitet. Durch die oxydierende Wirkung der Verbrennungsgase verbrennt ein Teil des Fe, Mn, Si und C. Die Verbrennungsprodukte der drei ersten bilden mit dem Sand der Rohgußabfälle und des SiO_2 der Zustellung eine Schlacke, die nach dem Einschmelzen das Bad bedeckt. Sie soll dünnflüssig und ihre Menge soll nicht zu groß sein. Ist das erste nicht der Fall, so wird sie durch Kalksteinzusatz verflüssigt, trifft das zweite nicht zu, so wird sie bei den Herdöfen teilweise abgezogen. Trommelöfen werden zur Durchmischung des Bades geschaukelt. Bei den Herdöfen wird das Mischen mit eisernen Krücken zum Schluß mit trockenen Holzstangen durchgeführt, die auf das Bad desoxydierend einwirken. Zur Beurteilung der Temperatur und der Zusammensetzung der Schmelze werden von Zeit zu Zeit Proben entnommen. Die Zusammensetzung derselben wird nach dem Bruchaussehen, der Kohlenstoff durch Schnellanalysen

Tabelle 19. *Betriebsverhältnisse der Tempergußschmelzverfahren.*

Betriebsverhätnisse		Flammofen				Elektroofen		Tiegelofen (Koks-O.)	Gießereischachtofen allein		Gießereischachtofen und Kleinkonv.	
		Herdofen		Trommelofen mit Rekuper.								
		Kohlenstaubgef.	Regenerativ-O.[1]	Kohlenstaubgef.	Ölgef.	Gießereischachtofen	allein					
Einsatz %	Temperroheisen gr.	25	40	32	24	—		20	20	—	—	—
	Temperroheisen w.		10	—	—			12	7	—		
	Zusatzroheisen	15 Temp. Sch.	—	—	20	2,0 Fe, Si					27	Fe Si
	Rohguß-Abfälle	55	50	53	53	53		53	53	53	53	53
	Stahlschrott	5	—	15	3	45		15	20	46	20	44
Abbrand beim Schmelzen %	Eisen	1,0	1,0	—	1,3	0,5		0,7	0,7		ja	
	Kohlenstoff	15···20	20	15	15···25	Aufkohl.		0	Zubrand		~20	
	Mangan	40···50	20	30	15···20	15		10	10···15		~60	
	Silizium	~30	20	20	20···30	15		Zubrand	8···10		Wärmequelle ~70	
	Schwefel	falls schwefelarmer Brennstoff		0	0	0		0	Zubrand		Zubrand	
Ausbringen in %		95	95	95	92	90	96	98	94		85···90	
Einsatzgewicht in t		10···30	1···10	4···5	0,5···5	< 5		> 0,1	600···700 ∅		2	
durchschnittliche Schmelzdauer in st		20···25 min/t	3,5/7 t Ofen	3,5···4	1,2···2,3	1,0	2,5	1,5···2,5	1,7···3 t/st		10 min.	
Brennstoffverbrauch %		20···25	15···20[2]	16···23	18···20	kWh/t 150	650[2]	35···50	10···12 Satzk.		10 Koks	
Anlagekosten		niedrig	sehr hoch	niedrig		sehr hoch		niedrig			hoch	
Ofenhaltbarkeit		25	1000	100···150	100···120	sehr gut		500	sehr gut		100	
Betriebsbereitschaft		groß	gering	groß								
Treffsicherheit		gut				sehr gut			mäßig		mäßig	
Temperatur		heiß	sehr heiß	heiß	heiß	sehr heiß			normal		sehr heiß	
Güte d. Erzeugnisses		gut bis sehr gut				sehr gut			gut			
Für andere Gußarten geeignet		Graug.	Grau- u. Stahlguß				(Metallguß)	Graug. Stahlg.	Grauguß		Stahlguß	
Gußausschuß		wenig	sehr wenig						etwas mehr		wenig	
Zusammensetzung des Rohgusses	C	2,5···2,6	2,4···2,6					2,6···3,0	2,8···3,4		2,4···2,6	
	Si[3]	≥0,6	> 0,6					> 0,6	> 0,6		> 0,6	
	Mn	0,3···0,5	0,2···0,3					0,2···0,25	> 0,2···0,4		0,2···0,3	
	P	<0,2	<0,08					< 0,08	< 0,1		< 0,1	
	S	< 0,07				< 0,06		< 0,08	< 0,22		< 0,22	

[1] Zwei Öfen notwendig.
[2] Ununterbrochener Schmelzbetrieb.
[3] Richtet sich nach der Wandstärke, bei Schwarzguß um 0,1% höher.

beurteilt. Entspricht die Zusammensetzung nicht vollständig, so wird sie durch entsprechende Zusätze eingestellt.

Der Flammofenrohguß kommt in der Güte dem Tiegelrohguß nahezu gleich. Der Flammofen schmilzt jedoch billiger als der Tiegelofen.

40. Der einfache Herdofen, kurz Flammofen genannt, ist in den deutschen Tempergießereien nicht anzutreffen. In den Vereinigten Staaten ist er der Hauptschmelzofen, da in den amerikanischen Gießereien große Schmelzgewichte bei unterbrochenem Schmelzbetrieb verlangt werden. Er wird dort hauptsächlich mit Kohlenstaub, selten mit Stückkohle, Gas oder Öl geheizt. Die Kohlenstaubfeuerung ergibt ebenso wie die Gas- und Ölfeuerung eine höhere Flammentemperatur, da der Kohlenstaub, das Gas und das Öl mit einem geringen Luftüberschuß vollkommen und vollständig verbrannt werden können. Der kohlenstaubgefeuerte Flammofen verbraucht daher weniger Brennstoff, als der mit Stückkohle gefeuerte, der Kohlenstaub ist aber etwas teurer.

Abb. 23 gibt den kohlenstaubgefeuerten Flammofen bildhaft wieder. Der Ofen ist aus Silikatsteinen gebaut, der Herd ist aus Quarzsand aufgestampft. Das Gewölbe ist ein abhebbares Hängegewölbe. Der Ofen wird von oben beschickt. Wird der Ofen mit Stückkohle geheizt, so ist an den Herd ein Rost angebaut, er wird mit Unterwind und Zweitwind betrieben, der hinter der Feuerbrücke durch im Gewölbe schräg angeordnete Düsen eingeblasen wird. Bei dem einfachen Flammofen wird die freie Wärme der Verbrennungsgase nicht ausgenützt, sie streichen unmittelbar in die Esse. Die Temperatur der Schmelze ist daher etwas niedriger als bei den folgenden Flammöfen.

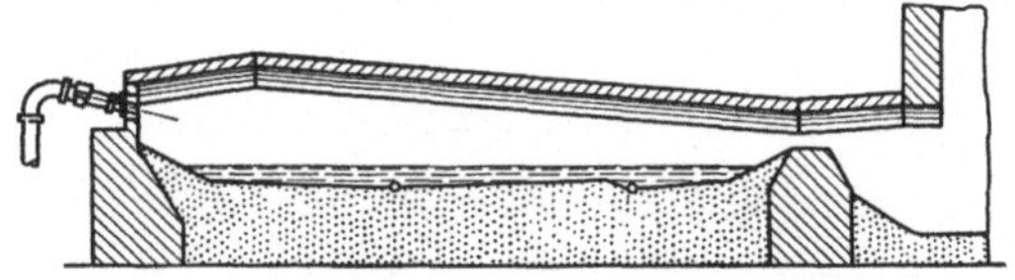

Abb. 22. Kohlenstaubgefeuerter Flammofen.

41. Der Siemens-Martinofen kommt nur dann in Frage, wenn ein ganz oder nahezu ununterbrochener Schmelzbetrieb gewährleistet ist. Um ihn zu ermöglichen, wird gleichzeitig auch Stahlguß erzeugt. Je nach der gewünschten Schmelzleistung wird entweder der normale Siemens-Martinofen mit einem Einsatzgewicht von 4 ··· 10 t verwendet oder der Klein-Siemens-Martinofen mit angebautem Gaserzeuger oder eine andere Kleinbauart. Der Ofen ist sauer zugestellt. Wegen der langen Dauer der Neuzustellung muß ein Ersatzofen bereitstehen. Der Siemens-Martinofen liefert ein sehr heißes Schmelzgut von hoher Güte und damit sehr geringen Gußausschuß.

42. Der ölgefeuerte Trommelofen, der ebenfalls eine sehr heiße Schmelze von hoher Güte liefert, hat sich seit dem Jahre 1912 in den deutschen Tempergießereien eingebürgert. Er wird mit Teeröl geheizt, das im Vergleich zu der Kohle und dem Kohlenstaub teuer ist. Er ergibt daher höhere Schmelzkosten als die anderen Flammöfen, so daß er nur noch dort verwendet wird, wo kleine Schmelzgewichte und hohe Güte verlangt wird. Bei größeren Schmelzgewichten wird er durch den kohlenstaubgefeuerten Trommelofen ersetzt, von dem er sich nur durch den Brennstoff unterscheidet; er ist auch nicht wie dieser kippbar.

43. Der kohlenstaubgefeuerte Trommelofen (Brackelsberg-Ofen) (Abb. 23) ist mit einer Kippvorrichtung ausgestattet, die bei dem Beschicken und Abgießen in Tätigkeit tritt.

Bei beiden Öfen ist die mit Silikatsteinen ausgemauerte Trommel auf Rollen gelagert. Sie wird bei dem ölgefeuerten geschwenkt, bei dem Brackelsberg-Ofen wird sie abwechselnd nach beiden Richtungen gedreht. Diese Bewegung begünstigt den Wärmeübergang, die Entgasung und die Desoxydation der Schmelze. Die freie Wärme der Abgase wird in einem Rekuperator zur Vorwärmung der Verbrennungsluft ausgenützt. Beide Öfen schmelzen daher sehr heiß.

Die Betriebsangaben über die einzelnen Flammöfen sind der Tab. 19 zu entnehmen.

44. Der Elektroofen wird entweder allein oder in Verbindung mit dem Gießereischachtofen verwendet. Da in den Tempergießereien unterbrochen geschmolzen wird, kommt nur der Lichtbogen-Widerstandsofen und der Graphitstabofen in Frage. Bei sehr kleinen Schmelzgewichten kann bei dem Doppelverfahren „Gießereischacht-Elektroofen" auch der Einphasen-Eisenkern-Induktionsofen Bauart RUSS oder anderer Bauart verwendet werden. Wird mit dem Elektroofen allein geschmolzen, so kann er wie der Siemens-Martinofen arbeiten, oder er kann aus Rohgußstahlschrott und Ferrosilizium synthetischen Temperguß herstellen. Im zweiten Fall ist der Stromverbrauch etwas höher, es wird dafür kein Temper- oder Zusatzroheisen gebraucht, das in der Regel teurer als der Stahlschrott ist. Es wird daher von dem Strompreis und den Rohstoffpreisen abhängen, in welcher Art der allein arbeitende Elektroofen betrieben wird. Er kann sauer oder basisch zugestellt werden. Die gleichzeitige Verwendung von Gießereischacht- und Elektroofen hat den Vorteil, daß das Einschmelzen von dem billig schmelzenden Gießereischachtofen übernommen wird. In diesem Fall wird auch synthetisch gearbeitet. Der Elektroofen wird bei dem Doppelverfahren basisch zugestellt, damit der hohe Schwefelgehalt des Gießereischachtofeneisens herabgesetzt werden kann. Der Elektroofen feint und überhitzt die Schmelze des Gießereischachtofens. Der Elektroofen liefert einen heißen Guß von hoher Güte. Tab. 19 gibt seine Betriebsangaben wieder.

Abb. 23. BRACKELSBERGscher Kohlenstaubdrehofen mit Kippvorrichtung.

45. Kleinkonverter. Im Kleinkonverter kann auch Rohguß erblasen werden. Sein Einsatz wird ebenfalls im Gießereischachtofen erschmolzen. Er besteht aus Hämatit, Rohguß- und Stahlschrott oder nur aus Rohguß- und Stahlschrott und Ek-Si-Paketen. Der Si-Gehalt der Gießereischachtofenschmelze muß so hoch sein, daß durch die Verbrennung des zu entfernenden Teiles die zum Vergießen notwendige Temperatursteigerung erzielt wird. Er liegt je nach dem gewünschten Si-Gehalt des Gusses in den Grenzen von 1,8 ··· 2,2%. Bei dem Verblasen wird nach der Uhr gearbeitet. Bei dem Kleinkonverterverfahren ist mit den gleichen Zufälligkeiten wie bei dem Kupolverfahren zu rechnen. Es muß daher sehr sorgfältig gearbeitet werden. Der Kleinkonverter hat eine hohe spezifische Schmelzleistung. Die Güte seines Erzeugnisses kommt jener des Gießereischachtofengusses gleich. Die Betriebsangaben über den Kleinkonverter sind der Tab. 19 zu entnehmen.

D. Gießen.

Vergossen wird in der Regel mit gut vorgewärmten Handpfannen. Bei kleinen Schmelzgewichten und kurzen Gießwegen werden die Handpfannen unmittelbar aus dem Ofen angefüllt. Bei größeren Schmelzgewichten und langen Gießwegen wird eine Kranpfanne zwischengeschaltet. Der lange Gießweg kann auch durch die Beförderung der Handpfannen mit einer Hängebahn rasch zurückgelegt werden. Bei vorherdlosem Schachtofen können die einzelnen Abstiche große Unterschiede aufweisen; um in diesem Falle ein gleichmäßiges Schmelzgut zu erhalten, wird eine gut vorgewärmte Trommelpfanne verwendet, die zwei bis drei Abstiche faßt. Es ist zweckmäßig, daß mit einer Schmelze nur Gußstücke gleicher Wandstärke abgegossen werden, da sich die Zusammensetzung der Schmelze in bezug auf C und Si nach der Wandstärke richtet. Ist dies nicht möglich, so wird die Schmelze im Kohlenstoffgehalt auf die dünnste, im Siliziumgehalt auf die stärkste Wandstärke eingestellt. Der für die Gußstücke mit geringeren Wandstärken günstigste Siliziumgehalt wird dann in den Handpfannen mit 90% Ferrosilizium eingestellt.

Beim Vergießen ist auf die richtige Gießtemperatur zu achten. Kleine Gußstücke werden so heiß wie möglich vergossen. Bei größeren Gußstücken läßt man das Schmelzgut etwas abstehen. Die Gießtemperatur muß so hoch sein, daß ein klagloses Füllen der Form erzielt wird. Die Gußstücke läßt man im allgemeinen in der Form weitgehend abkühlen, da sie beim sofortigen Herausnehmen aus der Form an der Oberfläche Haarrisse bekommen. Besteht die Gefahr, daß sie beim Abkühlen in der Form infolge der Störung der Schwindung reißen, so werden die Stücke sofort nach dem Erstarren in auf Rotglut vorgewärmte Abkühlkammern eingesetzt, in welchen sie über Nacht langsam abkühlen. Die langsame Abkühlung der Gußstücke ist notwendig, da sie sonst an der Oberfläche haarrissig werden.

E. Putzen des Rohgusses.

Sofort nach dem Herausnehmen der Gußstücke aus der Form werden die Steiger, Eingüsse und Saugnäpfe abgeschlagen. Bei den noch glühenden Stücken muß dies mit Vorsicht geschehen, damit nicht Risse entstehen. Der sofort erkennbare Ausschuß wird ausgeschieden. Der übrige nicht sperrige Guß wird in der Gußputzerei durch Scheuern (Trommeln) in Scheuerfässern oder -trommeln, die mit Sandstahldüsen ausgestattet sein können, von dem anhaftenden Formsand befreit. Die Trommeln fassen bis zu 2 t, sie müssen ziemlich voll gepackt sein, damit die Gußstücke nicht hoch stürzen, wodurch sie zerschlagen werden können. In den Trommeln werden zur Erhöhung der Scheuerwirkung Rohgußeingüsse oder -putzsterne zugesetzt. Die Trommeln sind an eine Staubabsaugung angeschlossen. Sperrige Stücke werden mit Hilfe des Drehtischsandstrahlgebläses geputzt. Nach dem Putzen werden die Stücke nochmals auf Fehler — Risse, Lunker, Graphitausscheidung — untersucht. Risse und Graphitausscheidung werden an dem Klang erkannt, er ist bei Vorhandensein beider Fehler dumpf. Die Rohgußstücke des Schwarzgusses werden vor dem Tempern auch noch geschliffen. Bei dem weißen Temperguß wird das Entfernen der Überreste der Eingüsse, Steiger und Saugnäpfe durch Schleifen erst nach dem Glühfrischen vorgenommen. Das Schleifen erfolgt mit feststehenden Doppelschleifmaschinen. Die Schleifmaschinen sind ebenfalls an eine Staubabsaugung angeschlossen. Für das Schleifen des Rohgusses werden Siliziumkarbidscheiben verwendet. Zum Schleifen des fertigen Tempergusses dienen Korundscheiben.

F. Wärmebehandlung des Rohgusses.

Durch die Wärmebehandlung wird der Rohguß weich und zähe und damit technisch brauchbar gemacht. Sie besteht in einem langandauernden Glühen bei weit über dem Haltepunkt A_{c1} (721°) liegenden Temperaturen, das entweder nicht entkohlend, d.h. in einer neutralen Packung oder unter Anwendung von Schutzgas, oder entkohlend, d.h. in einer oxydierend wirkenden Packung oder Atmosphäre, durchgeführt wird. Im ersten Fall wird der Rohguß in den schwarzen Temperguß und in den Schwarzkernguß, im zweiten Fall in den weißen Temperguß verwandelt. Durch das entkohlende Glühen wird das Gußstück entsprechend der Entkohlung leichter. Beide Arten der Glühung haben eine Volumsvergrößerung zur Folge, auf welche schon bei Wiedergabe der Schwindmaße hingewiesen wurde.

46. Nicht entkohlendes Glühen. Bei dem nicht entkohlenden Glühen soll das als perlitisches, als Zweit- und Ersteisenkarbid vorhandene Eisenkarbid (Abb. 24) des Rohgusses vollkommen oder teilweise in α-Eisen und Temperkohle zerlegt werden. Bei der Herstellung von handelsüblichem und hochwertigem Temperguß nach DIN 1692, sowie von Bohr- und Schwarzkernguß soll das Eisenkarbid vollkommen zerfallen, so daß der fertige Guß eine ferritische, metallische Grundmasse aufweist. Soll jedoch ein schwarzer Temperguß mit rein perlitischer Grundmasse hergestellt werden, so darf der Zerfall des Eisenkarbides nur soweit gehen, daß nach dem Glühen noch 0,86% C in gebundener Form vorhanden ist. Beim schwarzen Temperguß und seiner Abart, dem Bohrguß, soll die Vergasung des Kohlenstoffes gänzlich unterbleiben; beim Schwarzkernguß soll sie nur am Rand der Gußstücke erfolgen. Zur Vermeidung der Entkohlung werden die Gußstücke entweder in Glühtöpfen oder offen unter Anwendung eines Schutzgases geglüht. Bei dicht verschließbaren Glühtöpfen können Gußstücke, die sich beim langandauernden Glühen nicht verziehen, ohne Packung geglüht werden. Schließen die Glühtöpfe nicht dicht oder verziehen sich die Gußstücke beim Glühen, so wird der Rohguß in den Glühtöpfen dicht in Quarzsand oder gekörnte Schlacke von 1···2 mm Korngröße oder in Graugußspäne eingepackt. Das offene Glühen unter Schutzgas kann nur in elektrisch geheizten Haubenöfen durchgeführt werden. Das Schutzgas wird in einer besonderen Anlage durch Verbrennung von Leucht-Koksofengas, Butan oder Propan erzeugt. Das Glühen ohne Packung und das offene Glühen ergibt kürzere Glühzeiten, beim letzten fällt noch der Aufwand an Glühtöpfen fort.

Damit beim Tempern der meta- oder wenig stabile Zustand ($Fe\text{-}Fe_3C$) in den stabilen ($Fe\text{-}C$) übergeführt wird, muß der Guß über A_{c1} geglüht werden. Die dabei ablaufenden Vorgänge werden am besten an einem Beispiele erläutert. Angenommen, es liegt ein Rohguß mit 3% C und 0,6% Si vor, der bei 900° getempert wird. Bei dem Erhitzen auf diese Temperatur geht der gesamte α-Ferrit in γ-Ferrit über, der nach Abb. 25 bei 900° etwa 1,25% C (Punkt A) in Form von Eisenkarbid auflöst, so daß neben dieser festen Lösung des γ-Eisens und des Eisenkarbids noch 1,75% C in Form von freiem Eisenkarbid vorhanden sind. Bei dem Halten der Temperatur von 900° geht der metastabile Zustand in den stabilen über. Das gesamte Eisenkarbid zerlegt sich in γ-Eisen und C. Es entsteht die stabile feste Lösung von γ-Eisen, die bei 900° und 0,6 Si 1% C (Punkt B) in Lösung hält. Bei Erreichung des Gleichgewichtszustandes müssen sich daher 2% C oder 66,6% des Gesamt-C-Gehaltes als Temperkohle abgeschieden haben. Sobald dieser Zustand erzielt worden ist, ist das weitere Glühen zwecklos. Es würde die Güte des Gusses nur verschlechtern, da er um so grobkörniger wird, je länger er geglüht wird. Damit bei der nun folgenden Abkühlung der vollkommene Zerfall der festen Lösung in α-Eisen und Temperkohle erzielt wird, wodurch der Guß rein ferritisch wird, muß die Abkühlung von 800 · · · 600° sehr langsam, höchstens 5° in der Stunde, durchgeführt werden. Erfolgt sie rascher, so geht die stabile feste Lösung wieder teilweise oder vollkommen in die metastabile über. Es entsteht dann beim Unterschreiten des Haltepunktes A_{r1} nicht das Eutektoid von α-Eisen und Temperkohle, sondern dieses und das Eutektoid von α-Eisen und Eisenkarbid (Perlit) oder

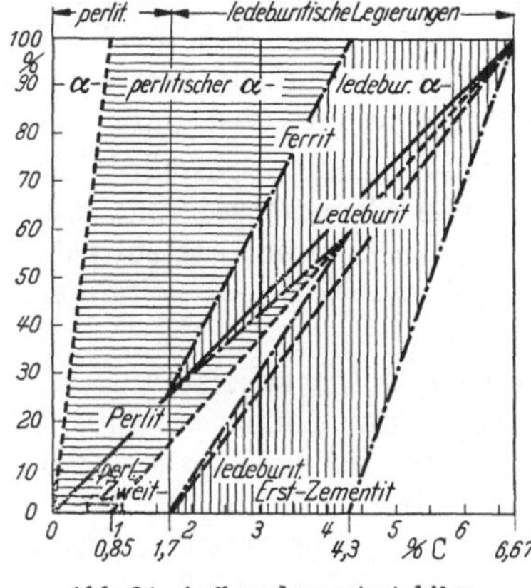

Abb. 24. Aufbau der metastabilen Fe-C-Legierungen (gr. meta).

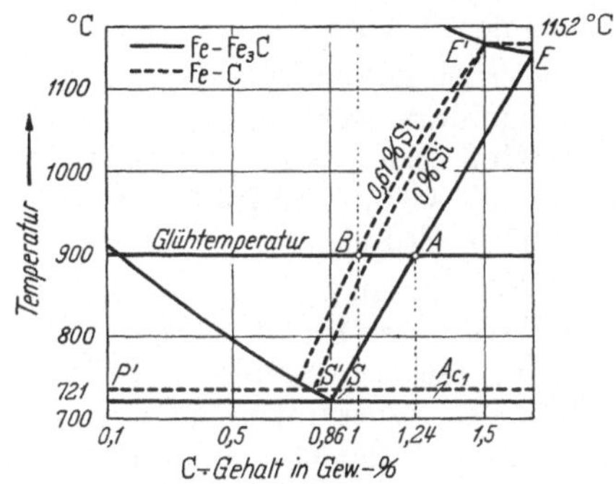

Abb. 25. Teil des Fe-Fe$_3$C- und des Fe-C-ct-Schaubildes.

das letzte allein. Die Dauer des Temperns ist um so kürzer, je höher die Glühtemperatur ist. Sie hängt auch, wie Abb. 26 zeigt, von dem Kohlenstoff- und Siliziumgehalt des Rohgusses ab. Ist der Schwefel des Rohgusses nicht an das Mangan gebunden, so bedingt er längere Glühzeiten. Auch die Größe des Kornes beeinflußt die Glühdauer, je feinkörniger der Rohguß ist, um so rascher zerfällt das Eisenkarbid. Die Feinheit des Kornes hängt von der Keimzahl der Schmelze und von den Gußbedingungen ab. Die Keimzahl kann durch die Führung und Nachbehandlung der Schmelze, Pfannzusätze von Al, Ti oder Zr, beeinflußt werden. Mattes und langsames Gießen und nasse und kalte Formen begünstigen ebenfalls die Erzeugung eines feinkörnigen Rohgusses.

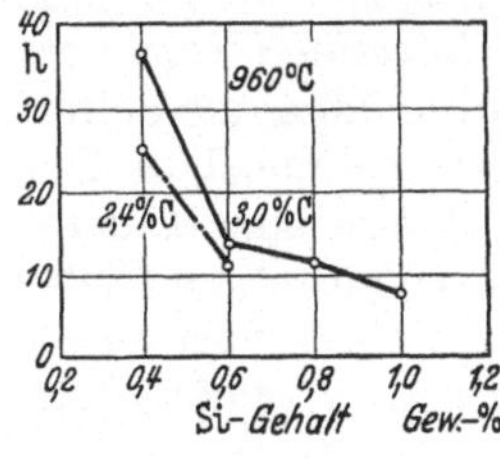

Abb. 26. Glühdauer beim Tempern. (Gnade, Piwowarsky, Felix.)

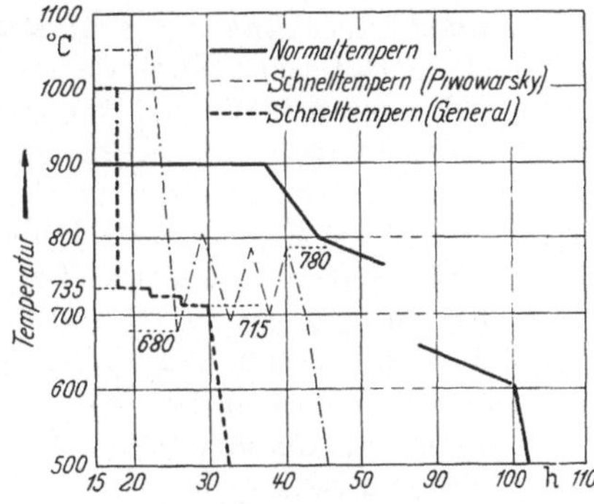

Abb. 27. Tempern, z-t Schaubilder.

Abb. 27 gibt den Temperaturablauf beim langandauernden nicht entkohlenden Glühen wieder. Um die sehr lange Glühzeit abzukürzen, wurden in den letzten Jahren von der General Electric Co, von Piwowarsky, Merz und Schuster und anderen Schnelltemperverfahren entwickelt. In Abb. 27 ist der Temperaturablauf des Schnelltemperns nach General Electric und nach Piwowarsky wiedergegeben. Sie zeigt, daß durch die neuen Verfahren das Tempern wesentlich verkürzt wird. Bei ihnen wird die raschere Temperkohlenausscheidung dadurch bewirkt, daß der Guß zuerst ein paar Stunden auf 1000 und mehr Grad erhitzt wird. Es setzt dadurch der Zerfall des Eisenkarbides in vielen Zentren ein. Hierauf wird der Guß rasch auf die obere Grenztemperatur des nun einzuhaltenden Glühtemperaturbereiches abgekühlt. Er wird entweder stufenweise oder pendelnd durchschritten. Alle Schnelltemperverfahren bedingen eine genaue Einhaltung des festgelegten Temperaturschaubildes. Sie sind daher nur in Öfen durchführbar, die eine genaue Regelung der Temperatur ermöglichen (Elektro- oder mit gereinigtem Gas geheizte Öfen). Die Öfen sind entweder Zweikammer- oder Tunnelöfen. Der Guß für das Schnelltempern soll einen niedrigen C- und einen höheren Si-Gehalt besitzen. Große Feinheit des Kornes wirkt sich auch beim Schnelltempern günstig aus.

Das Tempern kann, wie GNADE, PIWOWARSKY und FELIX festgestellt haben, auch so durchgeführt werden, daß eine rein perlitische Grundmasse und damit ein festerer Guß erzielt wird. Es bedingt eine bestimmte Zusammensetzung des Rohgusses: 2,4% C, 0,6···0,7% Si, ···0,8% Mn und eine Abkühlgeschwindigkeit von 80···100° je Stunde.

Das Schwarzgußglühen unter Schutzgas im elektrisch geheizten Haubenofen nimmt 10 Stunden für das Anheizen, 30 Stunden für das Glühen bei 950°, 3 Stunden für das rasche Abkühlen auf 780° und 24 Stunden für das langsame Abkühlen auf 700°, also insgesamt 67 Stunden in Anspruch. Der CO-Gehalt des Schutzgases muß am Schluß des Glühens durch Luftzufuhr herabgesetzt werden, damit nicht durch die Reaktion $3\,Fe + 2\,CO = Fe_3C + CO_2$ eine Rückkohlung erfolgt. Gewöhnlich wird das Glühen in zwei Öfen durchgeführt, der eine arbeitet als Hochtemperatur-, der andere als Niedertemperaturofen. Der Stromverbrauch je Tonne Schwarzguß beträgt 420 kWh/t.

47. Entkohlendes Glühen. In diesem Fall soll der beim Glühen frei werdende C vergast werden. Dazu ist eine oxydierende Atmosphäre notwendig, die dadurch herbeigeführt wird, daß der Rohguß entweder in einer sauerstoffabgebenden Pakkung oder in einer oxydierend wirkenden Gasatmosphäre geglüht wird.

a) *Entkohlendes Glühen in sauerstoffabgebender Packung.* Sie besteht aus frischem oxydreichem Roteisenstein und gebrauchtem Tempererz. Das Mischungsverhältnis richtet sich nach der Wandstärke des Gußstückes und dem gewünschten Grad der Entkohlung. Es liegt in den Grenzen von 1:2 für dicke bis 1:5 für dünnwandige Abgüsse. Für das frische Tempererz liegt folgender Normvorschlag vor: Eisengehalt $>41\%$, $FeO < 1\%$, $Fe_2O_3 > 60\%$, S als Sulfid 0,0%, als Sulfat $<0{,}2\%$, $CaCO_3 < 0{,}2\%$, $SiO_2 < 10\%$, weitere Gangart $<10\%$, leichtschmelzbare Gangart 0,0%, Glühverlust $<2\%$. Körnung 3···6, 6···9 und 9···12 mm oder andere Größen. Je 100 t Guß werden 23···35 t Tempererz verbraucht. In einzelnen Gießereien wird an Stelle von Roteisenstein Walzensinter oder Hammerschlag verwendet. Das Glühmittel ist in allen Fällen ein Gemenge von Eisenoxyd, Eisenoxyduloxyd und Eisenoxydul, dessen höhere Eisenoxyde beim Erhitzen O_2 abspalten, und dadurch die Entkohlung bewirken. Das entkohlende Glühen wird bei höheren Temperaturen als das nicht entkohlende Glühen durchgeführt. Beim Erhitzen auf die Glühtemperatur gehen in den Gußstücken die gleichen Veränderungen wie beim nicht entkohlenden Glühen vor sich, so daß beim Erreichen der Glühtemperatur feste Lösung von γ-Eisen und Eisenkarbid und freies Eisenkarbid vorhanden sind, welcher metastabile Zustand während des Glühens in den stabilen Zustand übergeht. Die höheren Eisenoxyde spalten ab 600° O_2 ab, so daß in den Glühtöpfen eine oxydierende Atmosphäre vorhanden ist. Beim Halten der Glühtemperatur spielen sich dann die folgenden chemischen Vorgänge ab.

1. $Fe_3C = 3\,Fe + C$, 2. $C + O_2 = CO_2$ 3. $CO_2 + C = 2\,CO$
4. $Fe_3C + CO_2 = 3\,Fe + 2\,CO$ 5. a) $Fe_2O_3 + CO = 2\,FeO + CO_2$
b) $Fe_3O_4 + CO = 3\,FeO + CO_2$.

Der aus der Feuchtigkeit stammende Wasserdampf wirkt durch die Reaktionen $H_2O + C = CO + H_2$, $2H_2 + C = CH_4$ auch zum geringen Teil entkohlend ein.

Der durch die 1. Reaktion freiwerdende C soll sofort d. h. im Entstehungszustand verbrannt werden, da einmal ausgeschiedene Temperkohle nur schwer vergast werden kann. Es soll also Zerfalls- und Verbrennungsgeschwindigkeit gleich sein. Die Zerfallsgeschwindigkeit hängt von der Zusammensetzung (Verhältnis von C- zum Si-Gehalt) und der Temperatur, die Verbrennungsgeschwindigkeit von dem Verhältnis $CO_2 : CO$ in der Glühtopfatmosphäre, die außer CO_2 und CO noch etwa 10% N und 2% CH_4 enthält. Das Verhältnis $CO_2 : CO$ soll 1:2 sein. Es wird durch den wirksamen Sauerstoffgehalt des Tempermittels d. h. durch seinen Gehalt an den höheren Eisenoxyden bestimmt. Ist derselbe zu hoch, so entsteht eine CO_2-reichere stärker oxydierend wirkende Gasphase. Das überschüssige CO_2 wirkt dann auch auf das Eisen ein, das nach der Gleichung

$$Fe + CO_2 = FeO + CO$$

verbrennt. Tritt diese Oxydation im starken Ausmaße ein, so hat sie verbrannten Guß zur Folge, der an der Oberfläche rauh ist. Bei schwächerer Oxydation weist der Guß in der Randzone Schalen oder Hautbildungen auf. Der Guß mit Haut ist an der Oberfläche rein. Die Haut ist erst am Bruch oder bei der Deformation des Gußstückes zu erkennen. In den verbrannten Teilen des Gußstückes sind Eisenoxyduleinschlüsse zu beobachten. Abb. 28 zeigt ein Tempergußstück mit verbrannter Haut. Abb. 29 gibt ein ungeätztes metallographisches Bild der Schale dieses Gußstückes wieder. Die schwarzen Punkte in der Kernzone sind Temperkohle, die schwarzen Einschlüsse der scharf abgegrenzten Randzone sind Oxyduleinschlüsse. Die Hautbildung ist außer von der Beschaffenheit der oxydischen Packung auch noch von der Zusammensetzung des Rohgusses und von der Glühtemperatur abhängig. Silizium und Schwefel begünstigen die Hautbildung. Bei gleichen Glühbedingungen nimmt die Dicke der Haut mit steigender Glühtemperatur zu. Nach ZINGG hat das Verhältnis von Fe_2O_3 und FeO im Tempererz den stärksten Einfluß auf die Schalenbildung, es soll 10 : 90 sein. Der Gesamtsauerstoffgehalt des Tempermittels soll danach 31% betragen. Ist der Gehalt des Tempermittels an wirksamem Sauerstoff zu klein, so steigt der CO-Gehalt der Gasphase an. Es tritt dann durch die Reaktion

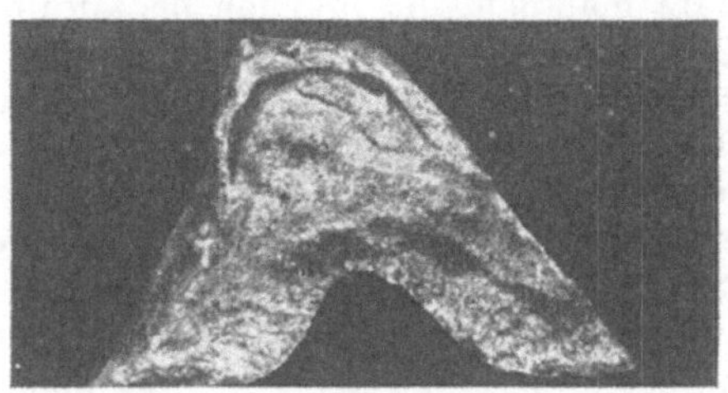

Abb. 28. Temperguß mit Haut.

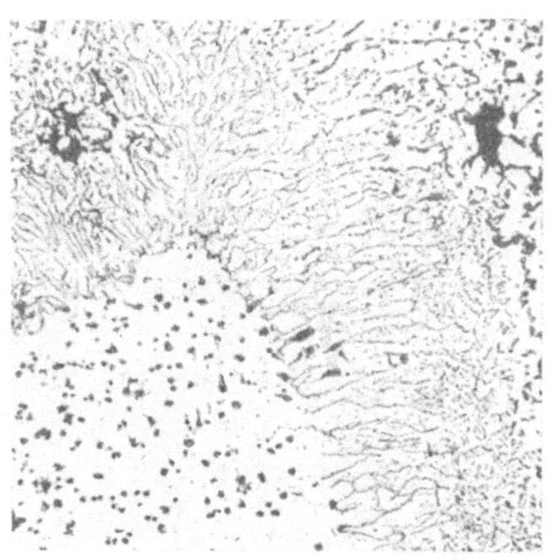

Abb. 29. Haut des Stückes Abb. 29.

$$3\,Fe + 2CO = Fe_3C + CO_2$$

eine mehr oder weniger starke Rückkohlung bei der Abkühlung ein. Dabei entsteht am Rande des Gußstückes eine dünne Perlitzone. Es empfiehlt sich, neue Mischungen des Tempermittels vor ihrer Verwendung durch ein Versuchsglühen zu erproben, das mit einem keilförmigen Rohguß ausgeführt wird. Bleibt dessen dünne Schneide bei genügend rascher Entkohlung des dicken Teiles frei von Haut, so ist das Tempermittel gut. Es soll an den Gußstücken nicht anfritten.

Das Gußstück wird vom Rande aus allmählich entkohlt. Die in den äußeren Zonen verbrannten Kohlenstoffmengen werden immer wieder durch ein bei der hohen Temperatur sehr schnelles Nachfließen (Diffusion) des Kohlenstoffes ersetzt. Gleichzeitig vergast auch der Kohlenstoff im Innern, da die Kohlensäure in das Innere des Gußstückes eindringt. In den ersten 10 bis 20 Stunden ist die Entkohlungsgeschwindigkeit sehr hoch. Bei entsprechend langem Glühen wird das Gußstück vollkommen entkohlt. Im allgemeinen ist dies beim Erzglühfrischen nur bei Gußstücken mit einer Wandstärke von 3 mm praktisch zu erreichen. Bei nicht vollständiger Entkohlung schließt sich an den ferritischen Rand ein unter- bis reinperlitischer Kern an. Waren während des Glühfrischens Zerfallsgeschwindigkeit des Karbides und Verbrennungsgeschwindigkeit des C nicht gleich, so sind in beiden Zonen noch Reste von Temperkohle vorhanden.

Das entkohlende Glühen nimmt eine längere Zeit als das nicht entkohlende Glühen in Anspruch. Die Glühdauer richtet sich nach der Höhe der Glühtemperatur, dem gewünschten Grade der Entkohlung und der Wandstärke der Gußstücke. Für das entkohlende Glühen kommt der Temperaturbereich von 900···1000° in Frage. Abb. 30 gibt das Zeit-Temperatur-Schaubild für das entkohlende Glühen wieder. Nach Beendigung des Glühens läßt man den Guß im Ofen bis auf ungefähr 600° langsam auskühlen. Die Tempertöpfe werden dann aus dem Ofen herausgehoben und an der Luft auskühlen gelassen.

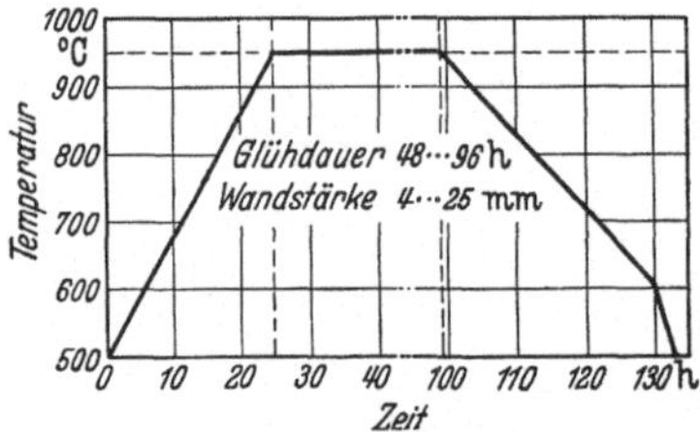

Abb. 30. Entkohlendes Glühen (Erzpackung) t-z Schaubild.

b) *Entkohlendes Glühen in Gasatmosphäre.* Bei dieser Art des Glühens wird der geputzte Rohguß in einer aus CO_2, CO, H_2O, H_2, CH_4 und N_2 bestehenden Atmosphäre, die im gasdichten Ofen ständig durch Ventilatoren umgewälzt wird, geglüht. Die Entkohlung der Gußstücke wird dadurch herbeigeführt, daß der C der Randzone unmittelbar nach seiner Graphitisierung durch die Reaktionen

$$C + O_2 = CO_2,\quad CO_2 + C = 2\,CO,\quad C + H_2O = CO + H_2,\quad 2\,H_2 + C = CH_4$$

vergast wird. Das hierdurch gegenüber dem Kern des Gußstückes hervorgerufene C-Konzentrationsgefälle hat zur Folge, daß aus dem Innern C in die Randzone wandert. Dieses Spiel wiederholt sich immer wieder bis zur Beendigung des Glühens.

Die Auflösung des Eisenkarbides und die Wanderung des C im Mischkristall verläuft langsamer als die Entkohlung am Rande. Die Entkohlungsgeschwindigkeit wird daher im wesentlichen durch die Geschwindigkeit der Diffusion des C im Eisen bestimmt. Sie verläuft um so rascher, je höher die Glühtemperatur ist. Bei 950° ist zur Erzielung des gleichen Entkohlungsgrades etwa viermal so viel Zeit als bei 1050° notwendig. Das entkohlende Glühen in Gasatmosphäre kann ohne weiteres bei höheren Temperaturen durchgeführt werden.

Bei noch höheren Temperaturen besteht jedoch die Gefahr, daß die Gußstücke sich verziehen. Die jeweilige Entkohlungsgeschwindigkeit ist um so größer, je höher der Unterschied zwischen dem augenblicklich vorhandenen Randkohlenstoff und dem der Gaszusammensetzung entsprechenden Gleichgewichtskohlenstoffgehalt ist. Die Entkohlung verläuft daher zuerst schnell. Es ist jedoch ohne weiteres möglich, bei Gußstücken mit Wandstärken von 6···9 mm nach 65stündigem Glühen einen Randkohlenstoff von 0,1% bei einem C-Gehalt von 0,15% im Kern zu erhalten. Um die Gasatmosphäre reaktionsfähig zu erhalten, muß ihr CO_2-Gehalt ständig erneuert werden. Es geschieht dies durch Einblasen von Luft und Wasserdampf, mit den Reaktionen $2\,CO + O_2 = 2\,CO_2$ und $CO + H_2O = H_2 + CO_2$. Diese vier Bestandteile der Gasatmosphäre streben für die jeweilige Glühtemperatur einem bestimmten Gleichgewicht zu. An die Gasatmosphäre ist die Forderung zu stellen, daß sie auf das Eisen nicht oxydierend einwirkt. Zu diesem Zwecke muß das Verhältnis von $CO : CO_2$ und $H_2 : H_2O$ über bestimmten, von den Glühtemperaturen abhängigen Werten liegen. Da sich die vier Komponenten der Gasatmosphäre im Gleichgewicht befinden, so genügt für die Feststellung, ob die Gasatmosphäre bei der angewandten Glühtemperatur oxydierend oder reduzierend wirkt, die Ermittlung ihres Gehaltes an CO und CO_2 oder an H_2 und H_2O. Das Verhältnis von $CO_2 : CO$ kann zuerst 1 : 2 betragen, es muß bis zum Ende auf 1 : 2,6 absinken. Das entkohlende Glühen in Gasatmosphäre ergibt gegenüber dem Erzglühfrischen eine gleichmäßigere Zusammensetzung der Gußstücke im Querschnitt.

Beim Gasglühfrischen tritt durch die Reaktion $MnS + H_2 = Mn + H_2S$ eine teilweise Entschwefelung des Gusses ein. Diese und die geringere Aufnahme von O_2 bewirken, daß beim Glühen in Gasatmosphäre die Schalenbildung vermieden wird. Der in der Gasatmosphäre entkohlend geglühte Guß braucht nur geputzt zu werden, wenn er verzinkt werden soll, er verzieht sich auch nicht so leicht wie der in der oxydierend wirkenden Packung geglühte Guß. Durch das offene Glühen werden nicht nur die Glühtöpfe erspart, es geht auch das Anheizen und Abkühlen rascher vor sich, so daß sich höhere spezifische Glühleistungen ergeben. Der Aufwand an Wärme für das Glühen ist beim offenen Glühen geringer.

Das Anheizen nimmt etwa 8 Stunden, das Glühen bei 1050° 38···60 Stunden in Anspruch. Dünnwandiger, weitgehend entkohlter Guß wird nach dem Glühen mit der höchstzulässigen Geschwindigkeit auf 500···600° abgekühlt. Weniger entkohlte Gußstücke werden, falls streifiger Perlit angestrebt wird, rasch auf 750° abgekühlt. Die Abkühlung bis auf 680° wird mit einer Geschwindigkeit von 5···10° in der Stunde durchgeführt. Die weitere Abkühlung erfolgt wieder rasch. Für diese Art der Abkühlung werden 20···26 Stdn. benötigt. Soll in den Gußstücken körniger Perlit vorhanden sein, so wird der Guß bis auf 680° rasch abgekühlt, worauf entweder eine gleichmäßige Erhitzung auf 750° folgt, an welche sich eine neuerliche Abkühlung auf 680° mit der Geschwindigkeit von 5···10° in der Stunde anschließt, oder auch ein pendelndes Glühen in dem Bereich von 690···710° mit nachfolgender rascher Abkühlung. Dauer der Abkühlung etwa 24 Stdn.

48. Tempertöpfe und Ofeneinsätze werden beim nicht entkohlenden Glühen in neutraler Packung und beim entkohlenden Glühen in oxydierend wirkender Packung benötigt. In Deutschland werden zylindrische Tempertöpfe von 60···70 cm Durchmesser und 60 cm Höhe verwendet, sie werden gewöhnlich zu dritt aufeinander gesetzt. Abb. 31 gibt nach Stotz den Vorschlag für einen Norm-Tempertopf wieder. Die Bodenöffnung hat den Zweck, das Entleeren der Töpfe zu erleichtern und die Gußspannungen zu mildern, sie wird durch ein Eisenblech verschlossen. In Amerika werden bodenlose Töpfe nach Abb. 32 benützt. Die Tempertöpfe werden aus hartem Grau-, Stahl- und Rohguß sowie aus feuerbeständigem Chrom-, Chromnickelguß oder Chromnickelstahlblech hergestellt. Die feuerbeständigen Töpfe, besonders die aus Blech, sind in den Wandstärken schwächer als die unlegierten. Sie halten über 120 Glühungen, ihre Anschaffungskosten sind aber wesentlich höher. Die unlegierten halten beim entkohlenden Glühen bis zu 20 Glühungen aus. Bei kohlegefeuerten Öfen verschleißen die Töpfe rascher als bei kohlenstaub-, gas- oder ölgefeuerten Öfen, da ihre Ofengase sauerstoffreicher sind. Der Aufwand an unlegierten Tempertöpfen bewegt sich bei dem entkohlenden Glühen zwischen 20 und 25, beim nicht entkohlenden Glühen zwischen 5 und 15 kg. Er ist bei Kammeröfen höher als bei Tunnelöfen. Bei dem nicht entkohlenden Glühen unter Schutzgas und dem entkohlenden Glühen in Gasatmosphäre werden Gestelle und Roste zum Einlagern des Glühgutes verwendet. Während das Gewichtsverhältnis des Glühtopfes zu seinem Inhalt an Temperguß 1:1 beträgt, nehmen die Gestelle und Roste nur

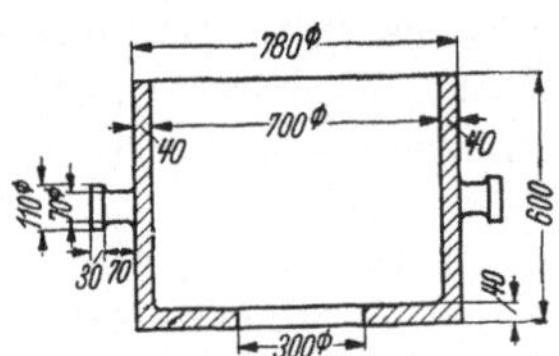

Abb. 31. Tempertopf, Normvorschlag.

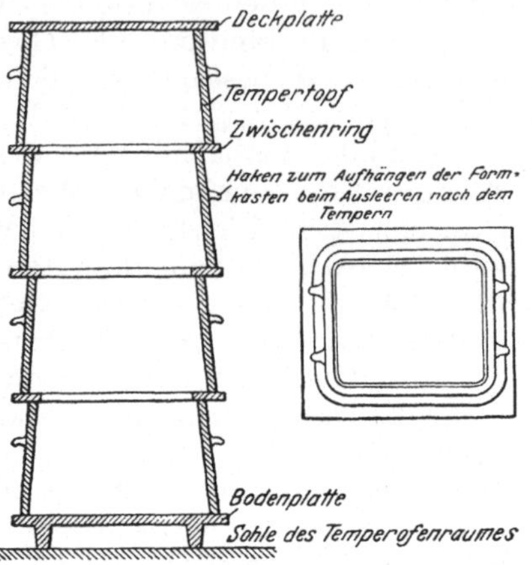

Abb. 32. Tempertopf, amerikanisch.

$\frac{1}{4} \cdots \frac{1}{3}$ des Gewichtes des Gußeinsatzes in Anspruch. Sie weisen, selbst wenn sie nicht aus hitzebeständigem Stahl hergestellt sind, eine lange Lebenszeit auf, so daß ihr Aufwand nur einen Bruchteil des Aufwandes für Tempertöpfe ausmacht.

49. Temperöfen. Die Temperöfen für das Erzglühfrischen und das Schwarzgußglühen in neutraler Packung sind entweder Kammer- oder Tunnelöfen. Beide werden mit Stückkohle (Rost- oder Halbgasfeuerung), Kohlenstaub, Gas oder Öl geheizt. Die drei letztgenannten Brennstoffe ergeben einen besseren wärmewirtschaftlichen Wirkungsgrad, da sie mit einem geringeren Luftüberschuß vollständig und vollkommen verbrannt werden können. Der wärmewirtschaftliche Wirkungsgrad ist bei dem Tunnelofen größer als bei dem Kammerofen, da die Abhitze seiner Verbrennungsgase zur Vorwärmung der Beschickung und die Abhitze der auskühlenden Tempertöpfe zur Vorwärmung der Verbrennungsluft ausgenützt wird. Bei dem Kammerofen kann der Wirkungsgrad durch Einbau von Rekuperatoren oder Regeneratoren erhöht werden. Das feuerfeste Mauerwerk der Temperöfen wird zweckmäßig aus Leichtbausteinen hergestellt. Sie haben ein Raumgewicht von nur 700 kg gegen 1900 kg bei Verwendung von Schamottesteinen. Der aus Leichtbausteinen gemauerte Temperofen speichert weniger Wärme auf, er ergibt daher weniger Wärmeverluste beim Abkühlen und ist rascher auf Temperatur zu bringen. Die Kammeröfen glühen unterbrochen, die Tunnelöfen ununterbrochen.

Die Kammeröfen werden als Über- und Unterfluröfen gebaut. Zur leichteren Beschickung ist der Überflurofen mit einem ausfahrbaren Herd oder wie der Unterflurofen mit einem abhebbaren Gewölbe ausgestattet. Sind beide fest angeordnet, so wird er mit von Hand oder durch Motor betriebenen Wagen beschickt. Abb. 33 zeigt einen gasgefeuerten Rekuperativ-Überflurkammerofen mit abhebbarem Gewölbe. Gewöhnlich werden drei und mehr Kammeröfen zu einer Gruppe zusammengebaut. Die Kammeröfen fassen in Deutschland 3 ··· 5, selten bis 10 t, in Amerika 20 ··· 25 t. Der kohlegefeuerte Kammerofen verbraucht beim entkohlenden Glühen 120 ··· 160% Brennstoff, beim nicht entkohlenden Glühen 60 ··· 90%. Der gasgefeuerte Rekuperativkammerofen benötigt beim entkohlendem Glühen 80 bis 100%.

Die Tunnelöfen werden für große und kleine Leistungen gebaut. Unter 4 t Tagesdurchsatz gewährt er jedoch gegenüber dem Kammerofen keinen wirtschaftlichen Vorteil. Der Brennstoffverbrauch der Tunnelöfen beträgt bei Kleinausführung — 7 t Tagesleistung — bei weißem Temperguß 40, bei Schwarzguß 30%.

Als Elektrotemperofen ist der Haubenofen (Abb. 34) besonders zum Schnelltempern von Schwarzguß geeignet. In diesem Fall wird am besten mit einem Satz von drei Haubenöfen gearbeitet. In dem ersten wird das Glühen bei 1000 und mehr Grad durchgeführt, die beiden anderen Öfen glühen das Gut bei den niederen Temperaturen zu Ende (s. Abb. 27). Außer der Beschickungsarbeit der Töpfe und dem Wechseln derselben wird der Glühprozeß selbständig durchgeführt. Der Beschickungswechsel wird durch Licht- oder Lautsignale gemeldet. Nach BUCKKREMER werden bei einer Anlage mit 3 Haubenöfen von je 2,4 t Einsatzgewicht, die täglich 2,6 t leistet, 400 kWh je t verbraucht. Bei einem Einsatzgewicht von 0,6 t steigt der Stromverbrauch auf 480 kWh/t. Bei einem Strompreis von 3 Pf. ergeben sich Heizkosten von 12 bzw. 15 DM/t. Bei Ausnützung des billigeren Nachtstromes sind sie niedriger.

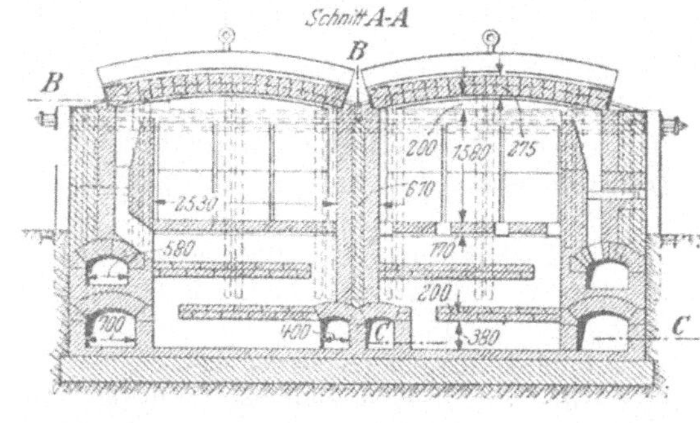

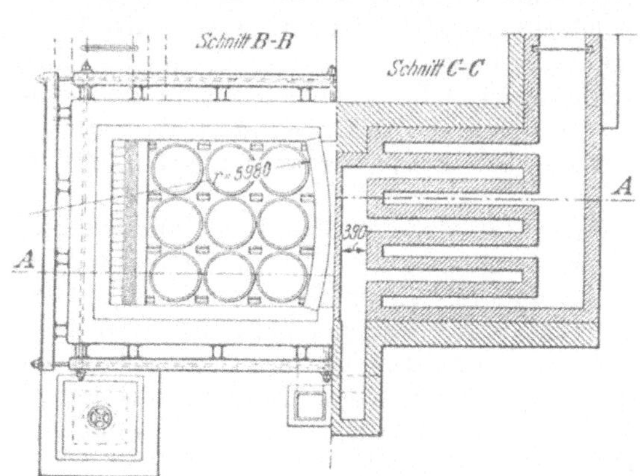

Abb. 33. Gas-Rekuperativ-Temperofen.

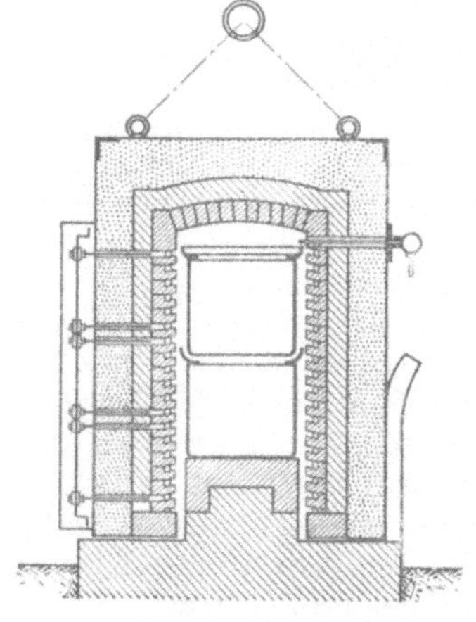

Abb. 34. Elektrisch beheizter Haubenofen zum Tempern. (BUCKKREMER.)

Das Schutzgasglühen von Schwarzguß und das entkohlende Glühen in Gasatmosphäre wird entweder in den Kammer- oder dem Elevatorofen, die beide satzweise arbeiten oder in dem kontinuierlich arbeitenden mit Hilfe von Hubschleusen abgedichteten Tunnel- oder Durchstoßofen durchgeführt. Diese Öfen werden entweder elektrisch oder mit gasbeheizten Strahlrohren erwärmt. Die Werkstoffe der Strahlrohre entsprechen sowohl in bezug auf Hitzebeständigkeit als auch in bezug auf die Beständigkeit gegen Temperaturwechsel. Die Frage der Temperaturregelung ist bei der Strahlrohrbeheizung auch gelöst, so daß diese Art der Heizung der Temperöfen ihrer elektrischen Heizung nicht nachsteht.

Der Mangel an Platz gestattet es nicht, die Ausführung und den Betrieb dieser Öfen zu beschreiben. Es wird diesbezüglich auf den Aufsatz „Neuzeitliche Temperofentechnik“ von K. BORCHERT, Gießerei 1952, S. 171 verwiesen. Für die Beheizung werden folgende Strom- und Gasmengen verbraucht:

Ofen	Erzeugnis	kWh/t	m³/t (Gas von 4000 kcal/m³)
Elevatorofen (4—6t)	GTW	1000—1400	550
Anschlußwert 500 kW	GTW	420	240
Tunnel- oder Durchstoßofen	GTW (Fitting)	—	330

Die Instandhaltungskosten der Öfen sind gering, sie betragen z. B. beim elektrisch geheizten Elevatorofen bei Erzeugung von GTW 8,48 DM/t.

Die Abkühlung der Öfen wird bei den elektrisch geheizten Öfen mit besonderen Röhrenkühlern geregelt, bei der Strahlrohrbeheizung werden die Strahlrohre gleichzeitig als Kühlrohre verwendet.

50. Glühbetrieb. Das Verpacken der Gußstücke in den Glühtöpfen muß mit großer Sorgfalt durchgeführt werden. Der Glühsatz soll aus Gußstücken von annähernd gleicher Wandstärke bestehen, da die Glühdauer von der Wandstärke abhängt. Die Gußstücke sollen beim Einpacken so gelagert werden, daß sie sich beim Glühen nicht verziehen. Sie müssen im Tempererz oder in der Sandpackung gut eingebettet sein. Die Tempererz-Schicht zwischen den einzelnen Gußstücken soll 15···20 mm betragen. Ist der Topfstapel gepackt, so werden die Fugen zwischen den einzelnen Töpfen und zwischen dem Deckel und dem obersten Topf mit Lehm verschmiert. Zuweilen werden die Töpfe mit einer Tonschicht überzogen, um sie vor der raschen Verzunderung zu schützen. Die Gußstücke werden außerhalb des Ofens eingepackt.

Die Töpfe werden so in den Ofen eingesetzt, daß zwischen den einzelnen Stapeln Abstände von etwa 20 cm vorhanden sind. Ist der Ofen gefüllt, so werden die Türen oder das Gewölbe geschlossen und mit Lehm verschmiert. Der Ofen soll so angeheizt werden, daß die Temperatur des Glühgutes nicht hinter der Temperatur des Ofens zurückbleibt. Beim nicht entkohlenden Glühen ohne Packung kann rascher angeheizt werden. Für das entkohlende Glühen in Erzpackung kommt der Temperaturbereich von 900···1000° in Frage. Das normale nicht entkohlende Glühen erfolgt in dem Bereich von 850···950°. Die Geschwindigkeit der Abkühlung ist den Abb. 27 u. 30 zu entnehmen. Sobald die Beschickung auf 600° abgekühlt ist, nimmt man die Töpfe aus dem Ofen und läßt sie an der Luft erkalten. Das Gasglühfrischen wird bei Temperaturen von 1030···1050° durchgeführt. Die Arten der dabei verwendeten Abkühlung sind dem Abschnitt 47b S. 65 zu entnehmen. Die Glühtemperaturen werden mit Pyrometern überwacht, die an einer solchen Stelle in den Ofen eingeführt werden müssen, daß sie von keiner Stichflamme getroffen werden, und daß sie kein von den Glühtöpfen abblätternder Zunder zudecken kann.

51. Weitere Wärmebehandlungen des Tempergusses. Der durch entkohlendes Glühen in Erzpackung hergestellte weiße Temperguß kann durch „Weich“glühen in seinen Eigenschaften verbessert werden. Durch diese Art des Glühens, das bei Temperaturen um A_{c1} vorgenommen wird, wird das Eisenkarbid in den körnigen Zustand übergeführt, gleichzeitig wird der Guß durch den Kohlenstoffausgleich zwischen Kern und Rand in seinem Aufbau gleichartiger. Er hat dadurch in allen Teilen gleichmäßigere Eigenschaften, seine Festigkeit liegt in den Grenzen von

40···45 kg/mm² bei 6···5% Dehnung. Das doppelte Glühen erhöht jedoch seine Kosten, es kommt daher nur in Frage, wenn gleichmäßigere Beschaffenheit in allen Teilen des Gußstückes verlangt wird. Bei dem durch entkohlendes Glühen in einer Gasatmosphäre erzeugten weißen Temperguß kann der körnige Perlit schon durch die besondere Durchführung der Abkühlung erhalten werden. Dieser Guß kann bei entsprechendem Gehalt an gebundenem C auch noch vergütet, d. i. gehärtet und auf Temperaturen unter A_{c1} angelassen werden.

Schwarzguß kann vergütet werden (DRP). In diesem Zustand hat er eine Festigkeit bis zu 75 kg/mm², bei 5% Dehnung. Ist der Schwarzguß zu verzinken, so muß er vorher aus einer Temperatur von 650···700° abgeschreckt werden. Geschieht dies nicht, so ist der verzinkte Schwarzguß spröde.

G. Fertigmachen des Tempergusses.

Nach dem Entleeren der erkalteten Tempertöpfe wird der Guß in Scheuertrommeln oder mit dem Sandstrahldrehtischgebläse von dem anhaftenden Glühmittel befreit. Je besser der Rohguß geputzt war, um so leichter ist der Temperguß zu reinigen. Das Abblasen mit dem Sandstrahl, durch das der Guß ein silbergraues Aussehen erhält, ist dem Scheuern vorzuziehen, da bei diesem die scharfen Ecken und Kanten leicht abgescheuert werden. Bei weißem Temperguß müssen die Eingußüberreste noch durch Schleifen entfernt werden. Stücke, die beim Glühen verbogen wurden, werden wieder gerade gerichtet. Dünnwandige Gußstücke werden kalt, dickwandige werden warm gerichtet. Schwarzguß darf dabei nicht zu lange erhitzt werden, da er sonst wieder hart wird. Er muß nach dem Richten langsam erkalten. Sind an dem Gußstücke zur Verhinderung seiner Verformung beim Glühen Abstandsleisten oder Verstärkungsleisten angebracht worden, so müssen auch diese noch entfernt werden.

VI. Prüfung und Abnahme[1].

Die Tempergußstücke müssen eine saubere Oberfläche haben. Sie müssen auch in stärkeren Querschnitten gut bearbeitbar sein und dürfen keine Werkstoffehler aufweisen, die ihre Verwendbarkeit beeinträchtigen.

Für die Gewichtsberechnung ist ein mittleres Gewicht von 7,4 kg/dm³ in Rechnung zu stellen. Sofern keine besonderen Vereinbarungen getroffen wurden, darf das Versandgewicht das Durchschnittsgewicht maßhältig gegossener Abgüsse bei Maschinenformerei höchstens um 5%, bei Handformerei um höchstens 10% überschreiten.

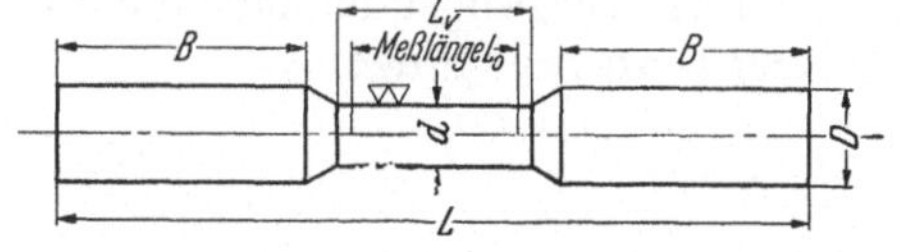

Bezeichnung	d	D	h	L	L_0	L_v	r
Probestab 9 DIN 50149	9	13	40	120	27	30	6
Probestab 12 DIN 50149	12	16	50	150	36	40	8
Probestab 15 DIN 50149	15	19	60	180	45	50	8
Probestab 18 DIN 50149	18	22	70	210	54	60	10

Abb. 35. Ausführung des Probestabes (h = L — 2B).

Die Festigkeitseigenschaften sind an Probestäben zu ermitteln, die mit den Gußstücken aus der gleichen Schmelze gegossen werden und die gleiche Glühbehandlung erhalten. Der Probestabdurchmesser soll möglichst der mittleren Wanddicke der zugehörigen Gußstücke entsprechen. Fehlen Anhaltspunkte hierüber, so ist der Probestab vom Nenndurchmesser 12 zu verwenden. Die Ausführung der Probestäbe und ihre Bezeichnung sind der Abb. 35 zu entnehmen. In Anbetracht der Lunkerneigung des Rohgusses sind zur Erzielung dichter Probe-

[1] Vgl. DIN 1692. Siehe die Anmerkung unter Tabelle 3, Seite 9.

stäbe genügend große Anschnitte und Saugnäpfe vorzusehen. Die Probestäbe sind durch Aufgießen von Nummern oder sonstigen Kurzzeichen oder durch Eingießen entsprechend bezeichneter Blechstreifen zu kennzeichnen, es darf jedoch das Prüfergebnis hierdurch nicht beeinträchtigt werden. Bei Durchführung des Zugversuches sind die DIN 50145, 50146 und 10144 zu beachten. Der mittlere Durchmesser des Probestabes ist an zwei um 90° versetzten Stellen auf 0,2 mm genau zu ermitteln, die Naht muß unberücksichtigt bleiben. Die Streck- oder die 0,2%-Grenze wird, soweit es erforderlich ist, nur stichprobenweise nachgewiesen. Die Bruchdehnung wird in Prozenten der ursprünglichen Meßlänge $L_0=3d$ angegeben. Sie ergibt nur dann richtige Werte, wenn der Probestab im mittleren Drittel der Meßlänge bricht. Ist dies nicht der Fall, so ist der Versuch zu wiederholen. Die Zugfestigkeit und die Streckgrenze ist auf 0,5 kg/mm² und die Bruchdehnung auf 0,5% genau zu ermitteln. Falls im Bruch Fehlstellen vorliegen, ist dies im Prüfbericht zu vermerken.

Rohrverbindungsstücke (Fittings) werden, wie Abb. 36 zeigt, technologisch erprobt. In Amerika wird der Schwarzguß auch technologisch geprüft. Eine einfache, sehr ver-

Abb. 36. Fitting, technologische Erprobung.

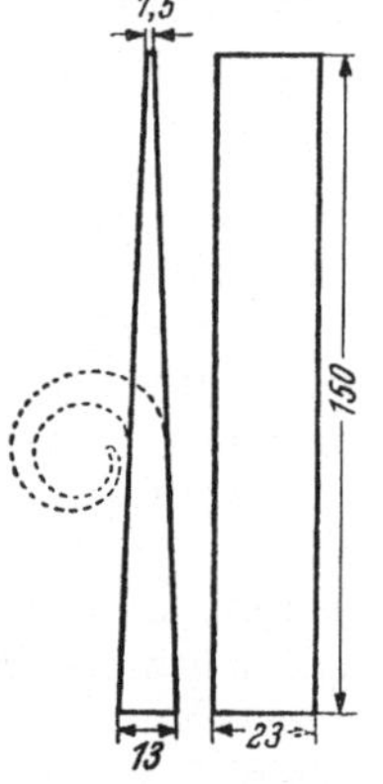

Abb. 37. Amerikanische Keilprobe.

breitete technologische Erprobung ist die Keilprobe (Abb. 37). Die Keile werden unter einem Fallhammer fest eingespannt und hierauf durch Schläge von 10 mkg zu einer Spirale geformt. Die Schläge werden bis zum Bruch fortgesetzt. Die Länge des umgebogenen Endes und die Stärke des Zusammenrollens läßt einen Schluß auf die Biegungsfähigkeit, die Zahl der Schläge auf den Widerstand gegen Ermüdungsbeanspruchungen zu.

721/37/52

WERKSTATTBÜCHER

FÜR BETRIEBSANGESTELLTE, KONSTRUKTEURE UND FACHARBEITER. HERAUSGEGEBEN VON DR.-ING. H. HAAKE, HAMBURG

Jedes Heft 50—70 Seiten stark, mit zahlreichen Abbildungen

Die Werkstattbücher behandeln das Gesamtgebiet der Werkstattstechnik in kurzen selbständigen Einzeldarstellungen: anerkannte Fachleute und tüchtige Praktiker bieten hier das Beste aus ihrem Arbeitsfeld, um ihre Fachgenossen schnell und gründlich in die Betriebspraxis einzuführen.

Die Werkstattbücher stehen wissenschaftlich und betriebstechnisch auf der Höhe, sind dabei aber im besten Sinne gemeinverständlich, so daß alle im Betrieb und auch im Büro Tätigen, vom vorwärtsstrebenden Facharbeiter bis zum leitenden Ingenieur, Nutzen aus ihnen ziehen können.

Indem die Sammlung so den Einzelnen zu fördern sucht, wird sie dem Betrieb als Ganzem nutzen und damit auch der deutschen technischen Arbeit im Wettbewerb der Völker.

Einteilung der bisher erschienenen Hefte nach Fachgebieten

I. Werkstoffe, Hilfsstoffe, Hilfsverfahren

II. Spangebende Formung

(Fortsetzung 3. Umschlagseite)

II. Spangebende Formung (Fortsetzung)

III. Spanlose Formung

V. Schweißen, Löten, Gießerei

(Fortsetzung 4. Umschlagseite)